ESTADISTICA OBSTÉTRICA, TOMO I. GUIA PARA MATRONAS

MARIA ISABEL FERNÁNDEZ ARANDA
MIGUEL ÁNGEL RODRÍGUEZ NÚÑEZ

ESTADÍSTICA OBSTÉTRICA, TOMO I. GUIA PARA MATRONAS.

© María Isabel Fernández Aranda
© Miguel Ángel Rodríguez Núñez

ISBN **978-1-291-40896-6**

Primera Edición Mayo 2013

Para Jorge...

semper cogitamus, semper animo
(siempre en nuestro pensamiento, siempre en nuestros corazones)

INDICE:

PARTE 1 FUNDAMENTOS ESTADÍSTICOS

PARTE 2 APLICACIONES PARA GINECOLOGÍA

PARTE 1 FUNDAMENTOS ESTADÍSTICOS

1. INTRODUCCIÓN

Iniciamos este libro con algunos conceptos básicos y elementales para una comprensión real e intuitiva de lo que es la Estadística Aplicada, sobre todo su aplicación a los problemas de la Enfermería y especialmente la especialidad de Matrona. Pretendemos introducir en los primeros pasos sobre el uso, manejo y obtención de datos: distinguir y clasificar las características en estudio, organizar la información disponible, interpretar artículos de revistas de la especialidad, tabular las medidas obtenidas, mediante la construcción de tablas, y utilizar métodos para elaborar una imagen que sea capaz de mostrar gráficamente resultados.

Podríamos, desde un punto de vista amplio, definir **Estadística** como "*la Ciencia que se ocupa de la recolección de los datos referidos a un fenómeno o hecho en particular, su ordenamiento, presentación y resumen para su análisis e interpretación y dar una guía de acciones para la toma de decisiones en situaciones prácticas, que entrañan incertidumbre*".

La estadística es el estudio de los fenómenos aleatorios, en este sentido la ciencia de la estadística tiene, virtualmente, un alcance ilimitado de aplicaciones en un espectro tan amplio de disciplinas que van desde las ciencias y la ingeniería hasta las leyes y la medicina. El aspecto más importante de la estadística es la obtención de conclusiones basadas en los datos experimentales. Este proceso se conoce como *inferencia estadística*. Si una conclusión dada pertenece a un indicador económico importante o a una posible concentración peligrosa de cierto contaminante, o bien, si se pretende establecer una relación entre la incidencia de cáncer pulmonar y el fumar, es muy común que la conclusión esté basada en la inferencia estadística.

La estadística es uno de los pilares del método científico una vez alcanzada la fase de análisis de los datos. La *estadística descriptiva* permite organizar y presentar los datos en tablas o gráficos, así como resumirlos con medidas de centralización y de dispersión, simplificando la interpretación de los mismos. La *estadística inferencial* estudia las variables o características que presentan los individuos, generalizando los datos obtenidos a partir de una muestra a un número mayor de individuos (población). La estadística inferencial se basa en la teoría de las probabilidades, ya que la generalización de los datos de la muestra a una población está siempre sujeta a un pequeño margen de error. La muestra debe obtenerse al azar y ser representativa de las características de la población.

La mayoría de las variables biológicas (temperatura, glucemia...) siguen una distribución de frecuencias en forma de campana invertida, denominada distribución normal o de Gauss. En otras ocasiones siguen una distribución diferente, como la binomial o la de Poisson. La distribución de frecuencias de una variable en una muestra pasa a ser una distribución de probabilidades cuando se generaliza a una población. Esta es la base para la comparación de grupos de datos (medias, proporciones) utilizando los tests de contraste de hipótesis. Estos tests comparan dos o más grupos de datos entre sí indicando si existen o no diferencias entre ellos, con una pequeña probabilidad de error p. Existen textos paramétricos cuando se comparan variables que siguen una distribución normal, y tests no paramétricos para comparar variables cuantitativas discretas o cualitativas. También es posible conocer el grado de relación o asociación existente entre dos o más variables mediante los tests de correlación.

2. LA ESTADÍSTICA EN CIENCIAS DE LA SALUD, OBJETIVOS.

Aunque aparentemente la bioestadística parece una ciencia fundamentalmente teórica, es utilizada en la práctica médica obstétrica a diario. Cuando hablamos de la dosis media de eritropoyetina administrada o el tiempo medio de duración de un parto estamos utilizando la estadística. O cuando decidimos tratar a una gestante con unas cifras de colesterol o de presión arterial elevadas, previamente se ha demostrado estadísticamente que existe un riesgo elevado cuando esas cifras están por encima de un determinado valor.

El objetivo de la estadística es el de hacer inferencias (predecir, decidir) sobre algunas características de una población1 con base en la información contenida en una muestra2.

¿Cómo lograr este objetivo?, se verá que todo problema estadístico consta de cinco partes. La solución de cada una de estas partes permite el logro del objetivo. La primera y más importante de las partes de un problema es una especificación clara de la pregunta a contestar y de la población sobre la cual dicha pregunta se hace. La segunda parte concierne al problema estadístico referente a la obtención de la muestra. Esta parte se conoce como *diseño del experimento* o *procedimiento de muestreo* y es importante porque la información cuesta tiempo y dinero.

No es poco común que un estudio para una empresa cueste 50 000 o 500.000 euros y en muchos casos, el coste de ciertos experimentos puede ser de millones. ¿Qué es lo que estos estudios proveen? Los resultados son números; en una palabra, información. El incluir demasiadas observaciones en la muestra es costoso y en muchos casos inútil, y por el otro lado el incluir muy pocas puede ser insatisfactorio. Además, la forma en que la muestra sea seleccionada afecta la cantidad de información contenida en cada observación. Un buen diseño del muestreo puede reducir, en ocasiones, el costo del «levantamiento» de la muestra a una décima o una centésima del coste utilizando otro diseño. La tercera parte de un problema estadístico consiste en el análisis de la información muestral. Independientemente de la cantidad de información contenida en la muestra, se tiene que utilizar aquí el método estadístico apropiado para extraer la información de los datos. La cuarta parte de un problema estadístico corresponde a inferir acerca de la población haciendo uso de la información muestral.

Como se verá, se pueden utilizar muchos procedimientos para hacer una estimación, decidir sobre alguna característica de la población o predecir el valor de algún miembro de la misma. Por ejemplo, puede haber 10 métodos distintos para predecir las ventas de una empresa, de las cuales uno puede ser más preciso. Por lo tanto, se quiere en esta parte utilizar el mejor procedimiento de inferencia para estimar, decidir o predecir con base en la información muestral.

La última parte de un problema estadístico se identifica con lo que posiblemente es la mayor contribución de la estadística al análisis de toma de decisiones. En esta parte se contesta a la pregunta «¿Qué tan buena es la inferencia?», no satisfechos con la información cabe preguntarse «¿Qué tan precisa es la estimación?» ¿De qué valor puede ser una estimación sin una medida de confiabilidad? ¿Será la estimación precisa dentro de un 1%, 5% ó 20%? ¿Será lo suficientemente confiable como para basar en ella planes de producción? Como se verá más adelante, los procedimientos de estimación, toma de decisiones y predicción permiten calcular una medida de la bondad de cada inferencia. En consecuencia, en una situación práctica, toda inferencia debe ir acompañada por una medida que diga «que tanta fe» se le puede tener.

Partes de un problema estadístico

1. Una definición clara de la población de interés.
2. El diseño del experimento o procedimiento de muestreo.
3. Recopilación y análisis de los datos.
4. Identificación del procedimiento para hacer inferencias sobre la población con base en la información muestral.
5. Obtención de una medida de la bondad (confiabilidad) de la inferencia.

El enfoque precedente para la inferencia estadística descansa únicamente en la evidencia muestral. Este es denominado *teoría del muestreo* o enfoque *clásico* de la inferencia estadística y para la mayor parte de ésta, será el que se tome en este curso.

3. POBLACIÓN, MUESTRA, INDIVIDUO, VARIABLES y TIPOS DE VARIABLES.

Establecemos a continuación algunas definiciones de conceptos básicos y fundamentales a los cuales haremos referencia continuamente a lo largo del texto.

De forma genérica la *población* se define como un conjunto homogéneo de individuos que generalmente es inaccesible para su estudio al ser de un tamaño inabordable. Es también el hipotético (y habitualmente infinito) conjunto de personas a las que se desea aplicar una generalización. La *muestra* es un conjunto menor de individuos, accesible y limitado, sobre el que se realiza el estudio con idea de obtener conclusiones generalizables a la población. Debe ser un conjunto reducido, pero representativo de la población de donde procede. Cada uno de los componentes de la población y de la muestra se denomina *individuo*. Al número de individuos que forman la muestra se llama *tamaño*, y se representa con la letra n.

Individuo: (unidad experimental o unidad de análisis): persona u objeto que contiene cierta información que se desea estudiar.

Población: conjunto de individuos o elementos que cumplen ciertas propiedades comunes, por ejemplo:
· Todos los asociados al Colegio de Enfermeros.
· Todos los niños con Necesidades Básicas Insatisfechas (NBI) que residen en la ciudad de Córdoba.
· Todos los Centros de Salud de España.
· Las embarazadas diabéticas que acuden a la Maternidad de los Centro de Salud en el Norte del país.

Muestra: subconjunto seleccionado de una población y representativo de la misma, por ejemplo:
· Cincuenta socios del Colegio de Enfermeros.
· Los niños con NBI que acuden a una consulta medica en el hospital de niños durante el mes de junio.
· Los centros de salud de la ciudad de Bilbao.
· Las embarazadas diabéticas que acuden a la Maternidad de los Centros de Salud en el Norte del país, durante el ano 2007.

Lo que estudiamos en cada individuo de la muestra son las variables (peso, altura, temperatura corporal, niveles de ansiedad preoperatorio, número de pacientes que son atendidos en determinado centro hospitalario, cantidad de accidentados atendidos en la guardia de un hospital).

Para comprender la naturaleza de la inferencia estadística, es necesario entender las nociones de *población* y *muestra*. La población es la colección de toda la posible información que caracteriza a un fenómeno. En estadística, población es un concepto mucho más general del que tiene la acepción común de esta palabra. En este sentido, una población es cualquier colección ya sea de un número finito de mediciones o una colección grande, virtualmente infinita, de datos acerca de algo de interés.

Por otro lado, la muestra es un subconjunto representativo seleccionado de una población. La palabra *representativo* es la clave de esta idea. Una buena muestra es aquella que refleja las características esenciales de la población de la cual se obtuvo. En estadística, el objetivo de las técnicas de muestreo conduce a una *muestra aleatoria*. Las observaciones de la muestra aleatoria se usan para calcular ciertas características de la muestra denominadas *estadísticas*.

Las estadísticas se usan como base para hacer inferencias acerca de ciertas características de la población, que reciben el nombre de *parámetros*. Así, muchas veces se analiza la información que contiene una muestra aleatoria con el propósito principal de hacer inferencias sobre la naturaleza de la población de la cual se obtuvo la muestra. En estadística la inferencia es inductiva porque se proyecta de lo específico (muestra) hacia lo general (población). En un procedimiento de esta naturaleza siempre existe la posibilidad de error. Nunca podrá tenerse el 100% de seguridad sobre una proposición que se basa en la inferencia estadística. Sin embargo, lo que hace que la estadística sea una ciencia (separándola del arte de adivinar la fortuna) es que unida a cualquier proposición, existe una medida de la confiabilidad de ésta. En estadística la confiabilidad se mide en términos de probabilidad. En otras palabras, para cada inferencia estadística se identifica la probabilidad de que la inferencia sea correcta.

Las *variables* o *caracteres* son las propiedades o características que se estudian en cada individuo de la muestra, como la edad, el peso, la presión arterial, o el tiempo en diálisis, el tipo de aguja empleado, o la intensidad del dolor a la punción. Una variable no es más que lo que está siendo observado o medido. Hay variables de dos tipos:

Variables dependientes: son el objeto de interés, que varía en respuesta a alguna intervención.

Variables independientes: es la intervención, o lo que está siendo aplicado. En nuestro ejemplo, la variable dependiente es el tiempo de supervivencia de la fístula, que depende del calibre de la aguja (variable independiente).

Las variables pueden contener datos muy diversos, que están agregados en *categorías*. Por ejemplo, la variable "sexo" tiene dos categorías: masculino y femenino. A su vez, según el tipo de datos que contienen las variables, se pueden clasificar en:

Variables cualitativas, que tienen valores no numéricos (sexo, religión, color de los ojos). Pueden ser:

- *Nominales,* con categorías con nombre: religión, estado civil, especialidades de un hospital... Cuando se les puede ordenar en sentido creciente o decreciente se denominan
- *Ordinales.* Por ejemplo, el dolor medido como leve, moderado o grave. Si las variables cualitativas pueden tomar sólo dos posturas o valores opuestos (vivo/muerto, varón/mujer, sano/enfermo), se llaman *dicotómicas o binarias* y son excluyentes entre sí.

Variables cuantitativas, que son aquellas que toman valores numéricos (glucemia, número de hijos, peso, coeficiente intelectual). Pueden ser:

- *Discretas,* cuyos valores son números finitos, generalmente números enteros (pacientes ingresados en un hospital, número de partos, número de dientes con caries)
- *Continuas,* que pueden tomar cualquier valor de un intervalo determinado. Por ejemplo, la altura, el peso o nivel de colesterol: se pueden fraccionar cuanto se quiera. La única limitación viene dada por el aparato de medida.

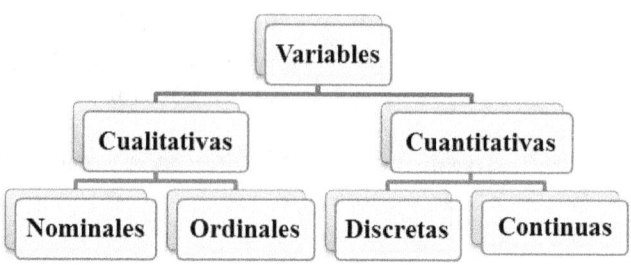

4. PROBABILIDAD BÁSICA

La probabilidad se define como el límite de la frecuencia relativa cuando el número de repeticiones de un experimento tiende al infinito. Una definición menos científica, pero más inteligible y práctica es el número de casos favorables dividido por el número de casos posibles. La teoría de la probabilidad es la base de la estadística inferencial.

Ejemplo: En una unidad de parto con 100 gestantes, 20 han contraído una gastroenteritis. ¿Cuál es la probabilidad de contraer esa enfermedad) *P(enfermedad)= 20/ 100=0.2* (o también 20%). La probabilidad de que no ocurra (también llamado suceso complementario) se calcula restando de 1 probabilidad de que ocurra. *P(no enfermedad)= 1 - P(enfermedad) = 1 - 0.2 = 0.8 (80%).* La probabilidad de un suceso cualquiera está comprendida entre 0 y 1. La probabilidad del suceso imposible es 0, y la del suceso seguro, 1.

PROBABILIDAD CONDICIONADA: Es la probabilidad de que ocurra un suceso (A) habiendo ocurrido otro (B):
Ejemplo: en el caso anterior, de 100 gestantes, 80 han tomado un bocadillo durante la sesión de dilatación; de ellos, contraen gastroenteritis 20. ¿Cuál es la probabilidad de contraer gastroenteritis (A) habiendo tomado bocadillo (B)? De los 80 que tomaron bocadillo, sólo 20 presentan gastroenteritis, o lo que es lo mismo, la probabilidad de contraer gastroenteritis (A) y comer

bocadillo (B) es 20. La probabilidad P(AyB) es 20% o 0.2 (viene dada en el enunciado); la probabilidad de comer bocadillo P(B) es 80% o 0.8:

$$P(A/B) = \frac{n^\circ \text{ de veces que ocurre A y B}}{n^\circ \text{ de veces que ocurre B}} = \frac{P(AyB)}{P(B)}$$

Ejemplo: en el caso anterior, de 100 pacientes, 80 han tomado un bocadillo; de ellos, contraen gastroenteritis 20. ¿Cuál es la probabilidad de contraer gastroenteritis (A) habiendo tomado bocadillo (B)? De los 80 que tomaron bocadillo, sólo 20 presentan gastroenteritis, o lo que es lo mismo, la probabilidad de contraer gastroenteritis (A) y comer bocadillo (B) es 20. La probabilidad P(AyB) es 20% o 0.2 (viene dada en el enunciado); la probabilidad de comer bocadillo P(B) es 80% o 0.8:

$$P(A/B) = \frac{P(AyB)}{P(B)} = \frac{20}{80} = 0.25 \text{ ó } 25\%$$

Cuando dos sucesos son independientes (no pueden suceder juntos), no existe condicionamiento, y: P(A/B)=P(A) P(B/A)=P(B)

LEY ADITIVA: Representa la probabilidad de que ocurra un suceso o bien que ocurra otro. Si los sucesos son excluyentes (no pueden presentarse simultáneamente, como sacar cara o cruz al lanzar una moneda): P(AoB) = P(A) + P(B). Si los sucesos son no excluyentes (pueden darse simultáneamente), P(AoB) = P(A) + P(B) - P(AyB).

LEY MULTIPLICATIVA: Representa la probabilidad de que ocurra un suceso y de que ocurra otro a la vez. Para sucesos independientes, P(AyB) = P(A) x P(B). Para sucesos dependientes (la ocurrencia de uno (B) está condicionado a la aparición de otro

(A)):   P(AyB) = P(A) x P(B/A)(1). En caso de ser A el suceso dependiente o condicionado a B, la expresión es: P(AyB) = P(B) x P(A/B)(2). Ejemplo: la enfermedad X causa la muerte al 20% de los afectados. Si tenemos 2 pacientes con esa enfermedad, ¿cuál es la probabilidad de que mueran los 2 pacientes?

Son sucesos independientes, por lo que: P(AyB) = 0.2 x 0.2 = 0.04 = 4%.

Teorema de Bayes.

Es una fórmula derivada de las expresiones anteriores, por la que, siendo A y B dos sucesos dependientes o asociados entre sí, según las expresiones (1) y (2), P(AyB) = P(A) x P(B/A) = P(B) x P(A/B)

$$P(A/B)= \frac{P(A) \times P(B/A)}{P(B)} \quad y \quad P(B/A)= \frac{P(B) \times P(A/B)}{P(B)} \quad D$$

El teorema de Bayes hace referencia a aquellas situaciones donde una vez producido un suceso B, se trata de calcular si el mismo es debido a una causa A. En medicina se utiliza con frecuencia la probabilidad condicionada; un ejemplo muy común es la evaluación de un método diagnóstico, como la probabilidad de que un test sea positivo o negativo teniendo realmente una enfermedad. Un ejemplo sería cuál es la probabilidad de que un paciente tenga un cáncer de hígado cuando tiene una alfa-fetoproteína elevada en sangre. Gracias al Teorema de Bayes podemos calcular la especificidad y la sensibilidad, o el valor predictivo positivo o el valor predictivo negativo de un test diagnóstico.

5. PRESENTACIÓN GRÁFICA DE LOS DATOS.

Una vez obtenidos los datos es preciso mostrarlos de una forma ordenada y comprensible. La forma más sencilla es colocarlos en una *Tabla*, donde se muestran las variables, las categorías de cada variable y el número de eventos de cada categoría. En ciertas ocasiones, especialmente cuando trabajamos con un gran número de datos, las tablas no son prácticas y se hace necesario una mejor visión de los datos con una mirada rápida. Esto se consigue con los gráficos. La selección del gráfico dependerá del tipo de datos empleados. Comenzaremos con los gráficos para datos cuantitativos:

Histograma: Se utiliza para variables cuantitativas continuas. En el eje x se muestran los datos de la variable, que por ser continuos requieren ser agrupados previamente en intervalos, y en el eje y se representa la frecuencia con la que aparece cada dato. La anchura del intervalo y la altura que alcanza determinan el área de cada intervalo, que es proporcional a la frecuencia de cada intervalo. Da una idea muy aproximada de la forma de la distribución que sigue la variable.

Polígono de frecuencias: Utiliza la misma escala que el histograma, y se construye uniendo los puntos medios de la zona más alta de los rectángulos. También aquí lo más importante es el área existente debajo del polígono, que es igual al área del histograma correspondiente. En el *polígono de frecuencias acumuladas,* la línea representa la frecuencia de cada intervalo sumada a la de los intervalos anteriores. Es un método práctico para determinar percentiles (concepto que veremos más adelante). El ejemplo más típico son las tablas de crecimiento en altura.

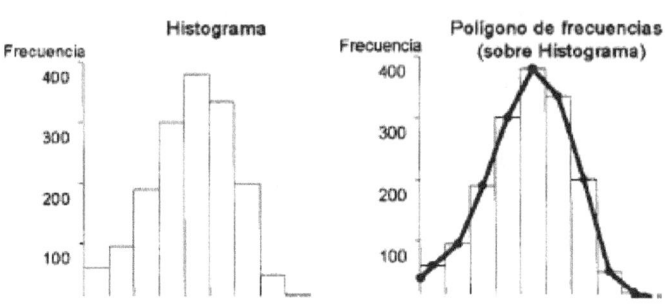

Nube de puntos: Es un gráfico donde se muestran dos variables cuantitativas, una en el eje x y otro en el y, mostrando los valores mediante puntos o símbolos.

Para los datos cualitativos:

Diagrama de barras: Se utiliza para variables cualitativas y cuantitativas discretas, y se construyen de forma similar al histograma, pero las barras están separadas entre sí (indicando que la variable no ocupa todo el eje de abscisas, precisamente por ser discreta o cualitativa). El *diagrama de barras compuesto* representa dos o más variables en el mismo gráfico.

Gráfico sectorial o pastel: Es otro método empleado con frecuencia para datos cualitativos, en el que un círculo representa el total, y un segmento o porción del pastel es la proporción o porcentaje de

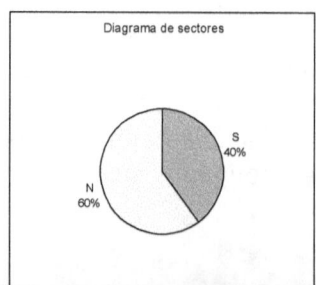

cada categoría de la variable. Es el gráfico adecuado para variables con categorías mutuamente excluyentes (no se puede estar soltero y casado a la vez).

6. SÍNTESIS DE LOS DATOS

Una vez organizados los datos en tablas y representados gráficamente, es útil sintetizarlos o resumirlos en medidas o números que permitan trabajar cómodamente y que contengan el máximo de información. Existen dos tipos de medidas que describen las características de la distribución de frecuencias de los valores de una variable: las medidas de *centralización* y de *dispersión*.

Medidas de centralización: definen los valores de la variable en torno a los cuales tienden a concentrarse las observaciones. Son: media, mediana, moda y los cuartiles, deciles, y percentiles.

Media: La media aritmética es la medida de centralización más conocida y utilizada. Se calcula sumando todos los valores observados y dividiendo por el número de observaciones de la muestra. Se representa como x. Su principal ventaja es su fácil manejo matemático y estadístico. Sin embargo, tiene la desventaja de ser muy sensible a los valores extremos en una muestra que no tenga una distribución normal (veremos más tarde qué significa esto). Si por ejemplo analizamos los días de estancia hospitalaria de los 7 últimos trasplantados renales en nuestro Servicio, y tenemos: 3, 3, 4, 7, 9, 11 y 12 días. Puesto que son 7 datos, = (3+3+4+7+9+11+12)/7 = 49/7=7; la estancia media de los pacientes es de 7 días. Pero si en lugar de 12 días un paciente permanece ingresado 89, la nueva media sería 18 días, muy alejada de la previa de 7 días. Esto se debe a que un valor extremo (89), muy distante del resto, influye negativamente en la media. En este caso, la *mediana* es una medida mejor de centralización.

La *media geométrica* es un parámetro de centralización que se utiliza para datos exponenciales o del tipo de crecimiento de poblaciones. Se calcula multiplicando los datos entre sí y aplicando después la raíz de orden *n*. Se utiliza con mucha menor frecuencia que la media aritmética.

Mediana: La *mediana* es la observación equidistante de los extremos, o lo que es lo mismo, el valor que, una vez ordenados los datos, deja igual número de observaciones por encima y por debajo. En el ejemplo anterior, la mediana es el valor 7. Como vemos, la *mediana* es mucho menos sensible a los valores extremos que la *media,* y es la medida de centralización a emplear en las variables cualitativas ordinales, en las que es imposible calcular la media aritmética. Por supuesto, se puede utilizar también con datos interválicos y proporcionales. Gráficamente, en el polígono de frecuencias acumuladas, la mediana es el valor correspondiente al 50% de las observaciones en el eje de abscisas (eje x).

Moda: La *moda* es el valor que se observa con más frecuencia, el más repetido. En el ejemplo anterior la moda es 3 por ser el valor más repetido. Si no se repite ningún valor, la muestra no tiene moda, es *amodal.* Si se repiten varios valores diferentes, puede ser *bimodal, trimodal,* o *multimodal.* Gráficamente, la *moda* equivale al valor que alcanza la frecuencia máxima o pico en el polígono de frecuencias.

Cuartiles, Deciles, Percentiles: Son medidas de localización, pero no central, sino que localizan otros puntos de una distribución. Los *cuartiles* dividen los datos en cuatro partes iguales, los *deciles* en diez partes iguales y los *percentiles,* en cien partes iguales. Por definición, el cuartil 2 coincide con el decil 5 y con el percentil 50, y todos ellos con la mediana.

7. MEDIDAS DE CENTRALIZACIÓN

Una vez definidos los valores de la variable en torno a los cuales tienden a concentrarse las observaciones, el siguiente planteamiento es describir cómo de agrupados o dispersos se encuentran los datos de la muestra en torno a esos valores. Esta información nos la ofrecen las medidas de dispersión: Recorrido o rango, desviación media, varianza, desviación estándar y coeficiente de variación.

Recorrido o rango: Es la diferencia entre los valores máximo y mínimo de la variable. En el ejemplo 3, 3, 4, 7, 9, 11, 12, el rango es 12-3 = 9. Su principal ventaja es que se calcula con gran facilidad. Pero dado que no tiene en cuenta los valores intermedios, su utilidad es muy limitada.
Es útil como media de dispersión en las variables cualitativas ordinales, o para indicar si nuestros datos tienen algunos valores extraordinarios.

Recorrido intercuartil: Como consecuencia de los problemas que presenta el recorrido, en particular su inestabilidad al considerar muestras diferentes o bien cuando se añaden nuevos individuos, a veces se usa otro índice de dispersión con datos ordinales, el *recorrido intercuartil,* también llamado *media de dispersión.* Se calcula dividiendo en primer lugar los datos (previamente ordenados) en cuatro partes iguales, obteniendo así los cuartiles Q1, Q2, y Q3; la diferencia entre el cuartil Q3 y el Q1 es el *recorrido intercuartil,* y abarca el 50% de los datos. Recordemos que Q2 = mediana. Como el recorrido intercuartil se refiere sólo al 50% central de los datos, se afecta en mucha menor medida por los valores extremos que el recorrido propiamente dicho, lo que la convierte en una medida mucho más útil.

Desviación media, Varianza (S2) y desviación estándar (S o DE): Son las medidas de dispersión más frecuentemente utilizadas en biomedicina. Se basan en cálculos de la diferencia entre cada valor y la media aritmética (x-x). Al calcular esta diferencia, debe prescindirse del signo negativo o positivo de cada resultado, por lo que la medida de dispersión se muestra como "±" *desviación.* La principal diferencia entre las tres medidas es cómo se prescinde del signo negativo: en la *desviación media,* se toman los valores absolutos |x-x|; en la *varianza* (*S2* para muestras y σ_2 para poblaciones) se eleva al cuadrado la diferencia: (x-x)2.

Como en la varianza los datos están al cuadrado, para regresar a las unidades originales basta tomar la raíz cuadrada de la varianza. Obtenemos así la *desviación típica o estándar (DE), S* para muestras y para poblaciones.

$$\sigma = \sqrt{\sigma^2} = \sqrt{\frac{\Sigma(x - \overline{x})^2}{n}}$$

Cuanto más dispersos sean los valores de la media, mayor será la desviación estándar. Es la medida de dispersión más importante y utilizada. De esta forma hemos visto cuáles son los índices básicos que describen, de forma resumida, los valores de una muestra (también es aplicable a una población, como veremos):

- El *tamaño* de la muestra, o *n* (el número de observaciones).
- La *media aritmética:* valor alrededor del cual se agrupan los datos.
- La *desviación estándar,* valor que indica la dispersión de los datos alrededor de la media.

Coeficiente de variación: Se emplea para comparar la variabilidad relativa de diferentes distribuciones, partiendo del problema de que las desviaciones estándar no son comparables al estar referidas a distintas medias. Este sería el caso de querer comparar la variabilidad de la presión arterial de un grupo de pacientes con su edad. Se usa con frecuencia para comparar métodos de medida, y es un valor adimensional. Se calcula dividiendo la DE por la media, multiplicando después por 100:

$$CV= \frac{DE \, o \, S}{\bar{x}} \cdot 100$$

La mayoría de las medidas anteriores no son aplicables a las variables cualitativas, ya que sus valores no son numéricos, sino que representan recuentos o frecuencias de ocurrencia de un suceso. Existen tres formas básicas de presentar estos datos:

1. *Proporción* o *frecuencia relativa,* que es el número de casos que se presenta una característica (a) dividido por el número total de observaciones (a+b): a/(a+b). Su valor oscila entre 0 y 1. Si multiplicamos una proporción por 100, obtenemos un *porcentaje.*

2. *Razón o cociente,* que es el número de casos que presentan una característica (a) dividido por el número de casos que no la presentan (b): (a/b).

3. *Tasa,* que es similar a la proporción, pero multiplicada por una cifra (por ejemplo 1.000, 10.000, 100.000) y se calcula sobre un determinado período de tiempo.

8. DISTRIBUCIONES DE PROBABILIDAD. LA DISTRIBUCIÓN NORMAL.

Las distribuciones de frecuencia reflejan cómo se reparten los individuos de una muestra según los valores de la variable. Cuando se trata de poblaciones, el comportamiento teórico de una variable puede conocerse mediante las *distribuciones de probabilidad,* de las que la más conocida es la distribución *normal* o *de Gauss*. Otras distribuciones de interés en bioestadística son la *binomial* y la distribución de *Poisson*.

Distribución normal o de Gauss: Es la distribución de probabilidad teórica más importante. La mayoría de las variables cuantitativas continuas biológicas siguen una distribución normal, que se define por presentar las siguientes propiedades:

1) Está definida por una *función de probabilidad continua.*
2) La media, mediana y moda coinciden, y es simétrica respecto a este punto. Es unimodal.
3) La función queda suficientemente definida por la media x y la desviación estándar S (μ y σ para poblaciones).
4) El área comprendida bajo la curva de la distribución es igual a la unidad.
5) Es asintótica respecto al eje de abscisas (nunca llega a cortarlo), siendo posible cualquier valor de x entre $- \sigma \infty \sigma$ y $+\infty$.
6) La función tiene forma de campana invertida. La siguiente figura representa una distribución normal.

El intervalo [x±S] o [μ±σ] agrupa aproximadamente al 68%, el intervalo [x±2S] agrupa aproximadamente al 95%, y el intervalo [x±3S] agrupa aproximadamente al 99% de los valores centrales de la distribución.

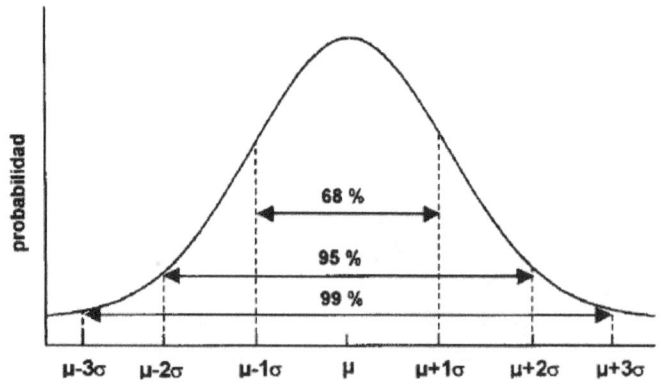

Distribución normal o de Gauss

Distribución binomial: Cuando la variable sólo tiene dos valores posibles, se dice que sigue una distribución *binomial.* Para el cálculo de las probabilidades se utiliza el método del *desarrollo binomial.* La distribución binomial posee también una media, varianza y desviación estándar, que se calculan con expresiones diferentes a las de la distribución normal.

Una característica importante de la distribución binomial es que al ir aumentando el número de sucesos (n), la distribución binomial se va pareciendo cada vez más a la distribución normal. A partir de n=30, la distribución binomial se comporta estadísticamente como una normal, por lo que podemos aplicar los tests estadísticos apropiados para esta distribución.

Distribución de Poisson: Es una variante de la distribución binomial en la cual la probabilidad de tomar un valores muy pequeña y la de tomar el otro valor es muy alta. La distribución discreta de Poisson se utiliza para determinar la probabilidad de que un suceso raro ocurra un determinado número de veces, cuando el número de ensayos es grande y la probabilidad de que aparezca el suceso es pequeña. Esta situación ocurre por ejemplo ante la posibilidad de un parto de sixtillizos, o de tener un hijo albino. Otro ejemplo podría ser la posibilidad de presentar una reacción alérgica a una membrana de hemodiálisis.

9. TÉCNICAS DE MUESTREO. ERRORES Y SESGOS. TAMAÑO MUESTRAL.

Como recordamos en el primer capítulo, la estadística inferencial extrae conclusiones para una población a partir de los resultados obtenidos en nuestras:

Técnicas de muestreo.

Para estudiar una característica de una población debemos, en primer lugar, escoger una muestra representativa de esa población, a la que someteremos al estudio deseado. Para que una muestra sea válida requiere dos condiciones:

1), debe ser *aleatoria:* todos los individuos de la población tienen la misma probabilidad de aparecer en la muestra.

2), la muestra debe ser homogénea con la población de la que se ha extraído, manteniendo las mismas proporciones que la población en todas aquellas características que pueden tener influencia en el experimento que se va a realizar (debe guardar la misma proporción de hombres y mujeres, de edad, de fumadores...).

Existen diferentes métodos para captar a los sujetos que constituirán la muestra. Las técnicas de muestreo pueden ser probabilísticas (participa el azar) o no probabilísticas. Entre las primeras, están:

Muestreo aleatorio simple: Cada elemento de la población tiene la misma probabilidad de ser escogido. Para ello, se utilizan números aleatorios extraídos de unas tablas o generadas por ordenadores. Tiene el inconveniente de requerir previamente el listado completo de la población. En muestras pequeñas puede no representar adecuadamente a la población.

Muestreo estratificado: La población se divide en subgrupos o estratos, y después se obtiene una muestra aleatoria de cada uno de ellos. Si la estratificación se hace respecto a un carácter (hombre/mujer), se denomina muestreo estratificado *simple,* y si se estratifica respecto a dos o más caracteres (sexo, edad, estado civil, posición económica...) se denomina muestreo estratificado *compuesto.*

Muestreo sistemático: Se aplica una regla simple fija para el muestreo, de modo que se divide el total de la población de estudio entre el tamaño de la muestra, hallando así una constante de muestreo, *k*. El primer individuo se elige al azar, y después, se elige sistemáticamente uno de cada *k* individuos siguiendo un orden determinado. Como ventajas, es simple de aplicar, no precisa un listado completo de la población, y en poblaciones ordenadas asegura una cobertura de unidades de todos los tipos. La desventaja es que si existe alguna relación entre el fenómeno a estudiar y la constante de muestreo, se pueden cometer sesgos. Ejemplo: seleccionar los individuos por las historias clínicas que acaban en 6.

Muestreo en etapas múltiples: Consiste en seleccionar unidades de muestreo de una población (unidades primarias) y obtener en una segunda etapa una muestra de cada una de ellas (unidades secundarias). Pueden utilizarse tantas etapas como sean necesarias, y en cada una de ellas, una técnica de muestreo diferente. Este método es muy eficaz para poblaciones grandes y dispersas, y es el utilizado generalmente en los estudios multicéntricos.

Muestreo no probabilístico: En este caso se utilizan métodos en los que no participa el azar. El ejemplo típico son los voluntarios que acuden a realizarse algún estudio (acuden por su propia voluntad, pero no por azar, sino estimulados económicamente o ante algún otro beneficio).

También es no probabilístico la inclusión de pacientes conforme acuden a una consulta. El inconveniente de este método es que, al no tener todos los individuos la misma probabilidad de ser incluidos en el estudio, no puede asegurarse la representatividad de la muestra respecto a la población de referencia.

Tamaño de la muestra
La muestra debe tener un tamaño que sea apropiado para los objetivos buscados en el estudio y los condicionantes que se está dispuesto a asumir. Un número insuficiente de participantes impedirá encontrar diferencias buscadas, concluyendo erróneamente que no existen, y un número excesivo de sujetos alargará y encarecerá innecesariamente el estudio.

Existen diferentes fórmulas para *calcular el tamaño muestral,* que dependerá básicamente de qué estamos buscando con el estudio: Si tratamos de *estimar parámetros* para una población a partir de una muestra, su tamaño dependerá de la variabilidad del parámetro a estudiar, de la precisión con que se desee obtener la estimación (es decir, la amplitud deseada del intervalo de confianza, de modo que a mayor precisión deberán estudiarse más sujetos), y del nivel de confianza deseado. La variabilidad del parámetro debe ser previamente conocida (o aproximarse a partir de datos preexistentes o estudios pilotos). La precisión y el nivel de confianza son establecidos por el investigador.

Por ejemplo, si queremos estimar la prevalencia de infección por VHC en hemodiálisis, o la presión arterial de los trasplantados renales. Cuando se trata de comparar grupos mediante pruebas de *contraste de hipótesis,* el tamaño muestral proporciona una cifra aproximada del número de sujetos necesarios para detectar una diferencia determinada si es que ésta existe, con la aceptación de unos márgenes de error previamente fijados. Para su cálculo se precisa la definición previa de los riesgos a asumir: los errores tipo I o alfa y II o beta, y la magnitud de la diferencia que se desea detectar.

Este sería el caso de comparar la eficacia en depurar urea de dos membranas de diálisis diferentes, o de ver si hay diferencias en el hematocrito cuando se administra eritropoyetina subcutánea o intravenosa. Las fórmulas para calcular el tamaño muestral exceden el contenido de este capítulo. La mayoría de paquetes estadísticos de ordenador la calculan a partir de las condiciones impuestas, dependiendo del tipo de estudio a realizar. Si el estudio es complejo o requiere un muestreo en etapas múltiples, es aconsejable consultar a un estadístico para que nos calcule el tamaño de la muestra.

Errores y sesgos.
Al seleccionar una muestra a partir de una población y estudiarla, podemos cometer dos tipos de errores: los errores aleatorios y los errores sistemáticos o sesgos.

ERROR ALEATORIO: Si comparamos el resultado obtenido de una muestra y de una población habrá una pequeña diferencia; esta diferencia dependerá de cómo escogimos la muestra, de su tamaño y del azar; realmente siempre existirá una diferencia real entre población y muestra.

El error aleatorio es la diferencia entre el resultado obtenido en la muestra y la realidad de la población. En él siempre interviene el azar y la selección viciada de la muestra realizada por el investigador. El error aleatorio se debe al azar, sucede en todos los grupos, no afecta a la validez interna del resultado, pero puede disminuir la probabilidad de encontrar relación entre las variables estudiadas. Aunque el error aleatorio no puede ser eliminado, sí puede disminuirse aumentando el tamaño de la muestra y la precisión de las mediciones.

ERRORES SISTEMÁTICOS O SESGOS: Son errores que se cometen en el procedimiento del estudio cuando, por ejemplo, la medición de la variable en estudio es consistentemente desigual entre los distintos grupos. Afectan a la validez interna del estudio y aunque se aumente el tamaño de la muestra, se perpetúa el sesgo introducido, y es prácticamente imposible enmendarlo en la fase de análisis.

Pueden ser de varios tipos:

Sesgos de selección: Las muestras no son adecuadamente representativas de la población de estudio, por no reflejar la misma distribución (edad, sexo, efecto de voluntarios...). Se han definido algunos tipos concretos como los siguientes, como el Sesgo de Berkson: las muestras seleccionadas en un medio hospitalario pueden diferir sistemáticamente de las poblaciones generales.

Sesgos de seguimiento: Se cometen cuando no se observan por igual a ambos grupos, o si se pierden más individuos de un grupo que del otro (no al azar) a lo largo del estudio. Por ejemplo, el abandono del tratamiento por parte de los pacientes.

Sesgos de información: Se cometen al recoger las medidas o datos. Podemos incluir en este apartado los sesgos de *observación,* posibles en los ensayos clínicos, que se evitan mediante las técnicas de enmascaramiento o *técnicas de ciego: Estudio simple ciego,* cuando la asignación del factor de riesgo es ciega por parte de los participantes (el paciente no sabe si toma el fármaco real o el placebo); *doble ciego,* cuando es ciega también por parte del investigador (no lo sabe el paciente ni el investigador); en el *triple ciego* no lo sabe el paciente, el investigador ni el comité que monitoriza el estudio, incluyendo al estadístico que analiza los datos.

Conforme aumenta el grado de "ceguera", también aumenta la dificultad de aplicar las técnicas de enmascaramiento. Un sesgo de información frecuente es el que cometemos al medir la presión arterial o la temperatura, cuando "redondeamos" las cifras un poco arriba o abajo, influyendo de alguna forma en el resultado del estudio. Esto se puede evitar utilizando tensiómetros digitales, que son "ciegos" para los grupos de estudio.

Sesgos de confusión: Son los producidos por la existencia de factores o variables de confusión. Se trata de variables que son factor o marcador de riesgo para la enfermedad a estudiar, se asocian con la exposición al factor de riesgo que se está valorando (factor de estudio), y no son una variable intermedia en la cadena causal entre la exposición y la enfermedad, dos variables están confundidas en un estudio si aparecen de tal manera que sus efectos separados no pueden distinguirse.

Por ejemplo, en un estudio real, se vacunó a una muestra de niños y a otra se les administró placebo. La incidencia de polio fue menor entre los niños que no se vacunaron (porque sus padres no dieron permiso) que entre los que recibieron el placebo. En este estudio existió un factor de confusión, pues las familias que no dieron permiso eran de un nivel socioeconómico elevado, por lo que sus niños tenían una menor susceptibilidad a contraer la polio, mientras que los niños vacunados con placebo estaban más expuestos a sufrir la enfermedad por carecer de medidas sanitarias adecuadas. El factor de confusión en este caso fue el nivel higiénico-sanitario.

Los sesgos de confusión pueden prevenirse con las técnicas de muestreo probabilístico, especialmente la *estratificación* (hacer que los dos grupos de estudio sean iguales para la variable de confusión). También pueden evitarse posteriormente, realizando un análisis estratificado, donde los datos son estudiados separadamente para diferentes subgrupos, que se definen en función de los posibles factores de confusión considerados. Es importante recordar que al aumentar el tamaño de la muestra, ¡los sesgos no se modifican!

10. ESTIMACIÓN DE UNA POBLACIÓN A PARTIR DE UNA MUESTRA.

Dado que la población resulta inaccesible por su elevado tamaño, los datos se obtienen a partir de las muestras, pero podemos generalizarlos y estimar parámetros de esa población. Por ejemplo, deseamos conocer la glucemia media de las gestantes de nuestra ciudad. Como la población es muy grande, escogemos una muestra representativa (con la misma proporción de edad, sexo, nivel socioeconómico...) de la población y calculamos la media de glucemia (x1). Volvemos a escoger otra muestra y calculamos su media (x2), y así varias (n) veces. Podemos hallar la *media* de las medias: (x1+x2+x3+...+xn)/n. A este valor se denomina media poblacional (μ), y su desviación estándar se lo conoce como error estándar de la media (EEM).

Hay que resaltar la diferencia entre desviación típica y error estándar de la media. La primera, mide la dispersión real de los valores de la muestra: es un índice descriptivo de cómo están agrupados los datos; por el contrario, el error estándar mide la dispersión imaginaria que presentarían las sucesivas medias que se obtendrían ante una hipotética repetición del experimento.

Ya podemos deducir que la nueva campana de la distribución de las medias es más estilizada que la distribución muestral, la cual, por recoger valores individuales, acusa más la dispersión de los datos. Por esta razón, el error estándar (EEM) es siempre mucho menor que la desviación típica, y tanto menor cuanto mayor sea el tamaño de la muestra. El valor del EEM se calcula según la expresión siguiente, donde S = desviación estándar de la muestra y n = número de individuos de la muestra.

$$EEM = \frac{S}{\sqrt{n}}$$

La nueva curva de Gauss obtenida, aunque sea imaginaria, tiene todas las propiedades de la distribución normal. En consecuencia, podemos estimar la media poblacional de la siguiente manera: ya que $\mu \pm EEM$ contiene aproximadamente el 95% de las medias muestrales, entonces el intervalo [x±2EEM] contendrá a μ con una probabilidad del 95%, y el intervalo [x±3 EEM] contendrá a μ con una probabilidad del 99%. A estos intervalos se les denomina intervalos de confianza de la media poblacional, y, sus límites, límites de confianza para la media. Los intervalos serán más estrechos cuanto mayor sea el tamaño de la muestra.

A la probabilidad de que la media escape del intervalo de confianza se le denomina *probabilidad de error (p)*.

11. PRUEBAS DE CONTRASTE DE HIPÓTESIS. ERROR ALFA Y BETA.

Muchas investigaciones ginecológicas comportan estudios comparativos. En la situación más simple, se comparan datos de dos muestras, por ejemplo, el efecto de dos fármacos, o de un placebo y un fármaco. Para evaluar las diferencias obtenidas y estudiar la posibilidad de que se deban a factores distintos del azar, se emplean las pruebas de significación estadística o *test de contraste de hipótesis.*

Elementos de un diseño de contraste de hipótesis.

Hipótesis nula H0: supone que no hay diferencias entre los términos comparados. Las diferencias se deben sólo al azar.

Hipótesis alternativa H1: la que se acepta si H0 resulta rechazada. Supone que sí existen diferencias entre los términos comparados. Las diferencias no se deben al azar.

	situación verdadera	
	H_0 es verdadera	H_0 es falsa
H_0 aceptada	Sin error	Error tipo II
H_0 rechazada	Error tipo I	sin error

Error tipo I o α: el que se comete al rechazar la hipótesis nula H0, siendo cierta (se acepta que existen diferencias, cuando en realidad no las hay). La probabilidad de cometer este error se conoce como a.

Error tipo II o ß: el que se comete al aceptar la hipótesis nula H0, siendo falsa (hay diferencia real, pero no se acepta).

Potencia estadística del test (1-ß): es la probabilidad de rechazar hipótesis nulas falsas, o bien de detectar hipótesis alternativas correctas. Al aumentar el tamaño de la muestra, se incrementa la potencia estadística de un test y se reducen ambos tipos de errores (α y ß).

Nivel de significación p del estudio: es la probabilidad de que las diferencias se deban simplemente al azar, es decir, que H0 es cierta. Se llama también *grado de significación estadística α.* Su complementario, (1- α) es el nivel de confianza, o probabilidad de que las diferencias no se deban al azar. Por convenio, suele utilizarse un valor de $p=0.05$ (es decir, del 5%).

- *Si p es menor de 0.05,* se admite que la probabilidad de que las diferencias se deban al azar son demasiado pequeñas, por lo que se acepta la hipótesis alterna H1.
- *Si p es mayor de 0.05,* la probabilidad de que las diferencias se deban al azar es demasiado grande para aceptar la hipótesis alterna, y por tanto se acepta la hipótesis nula, o que las diferencias entran dentro de las debidas al azar.

El grado de significación estadística *no es una medida de la fuerza de la asociación,* no mide si un tratamiento es más eficaz o mejor que otro; simplemente nos da la probabilidad de que los resultados obtenidos sean fruto de la casualidad o el azar. La p tampoco mide la importancia clínica o la relevancia de las diferencias observadas; ello depende de otros factores, y un estudio puede demostrar diferencias muy significativas entre las variables y carecer de importancia clínica.

Por ejemplo, si un fármaco A reduce la presión arterial 10 mmHg y otro B la reduce 9 mmHg, y existen diferencias significativas entre ambos ($p<0.05$) ello no significa que deba usarse el fármaco A antes que el B: hay que considerar el dudoso beneficio clínico que pueda reportar el reducir la presión arterial 1 mmHg más, los efectos secundarios, la seguridad, o el coste económico.

Si al aplicar un test de contraste de hipótesis se acepta la hipótesis alterna, se tiene plenas garantías de ello con un pequeño error conocido (α), y el experimento finaliza. Pero si se acepta la hipótesis nula, no se tiene plenas garantías de esto ya que no se conoce el error ß; en este caso, el experimento no finaliza y será necesario aumentar el tamaño de la muestra para contrastar nuevamente las hipótesis.

Existe una interdependencia entre el grado de significación (p o α), el poder estadístico (1-ß), el número de individuos estudiados y la magnitud de la diferencia observada, de tal forma que conociendo tres de estos parámetros, se puede calcular el cuarto. Por ejemplo, antes de iniciar un estudio, podemos determinar el número de individuos necesarios para detectar una diferencia determinada, fijando a priori el nivel de significación y el poder estadístico deseado.

PRUEBAS DE SIGNIFICACIÓN ESTADÍSTICA O DE CONTRASTE DE HIPÓTESIS.

Todas las pruebas de significación estadística intentan rechazar o no la hipótesis nula, calculando la probabilidad de que los resultados sean debidos al azar: nos dan, por tanto, el grado de significación estadística "p". Existen dos tipos de pruebas: las paramétricas y las no paramétricas.

Las pruebas paramétricas se utilizan con variables cuantitativas continuas que siguen una distribución normal. Son las pruebas estadísticas que aportan mayor cantidad de información. En ciertas circunstancias, si las variables no cumplen estrictamente los requisitos (por ejemplo, siguen una distribución binomial), pero el tamaño de la muestra es suficientemente grande (mayor de 30), pueden aplicarse estas pruebas.

Las pruebas no paramétricas son las que se aplican a las variables cualitativas, o cuantitativas que no siguen una distribución normal.

Suelen estar basadas en la comparación de los rangos de las variables previamente ordenadas, con la consiguiente pérdida de información. Son, en general, menos potentes y precisas que las paramétricas. Si las muestras son mayores de 30, no existe inconveniente en utilizar pruebas paramétricas, aunque la distribución de los datos no sea normal.

PRUEBAS PARA COMPARAR DOS MEDIAS.

La prueba más utilizada para este tipo de estudios es la *t de Student-Fisher,* aunque también existe una *prueba de la Z de comparación de medias.* La *t de Student-Fisher* se emplea para comparar las medias de dos muestras. Para que se pueda aplicar deben cumplirse previamente unas condiciones: los datos deben ser independientes, la variable debe seguir una distribución normal en ambas muestras (no es obligatorio si n>30), y las varianzas de los dos grupos deben ser similares en ambos grupos (homocedasticidad), siendo esta condición importante cuando los tamaños de las muestras son diferentes.

Para comparar las varianzas empleamos la prueba de la *F de Snedecor.* En caso de que las varianzas no fuesen iguales se aplica el test de *Welch,* una modificación de la t de Student para datos independientes cuando las varianzas son distintas. El valor hallado de la t se busca en una tabla para un grado de significación alfa (generalmente 0.05) y con un número de grados de libertad (se calcula como n-1); según el valor calculado, se acepta o se rechaza la hipótesis nula.

Cuando la t de Student no es aplicable por incumplirse alguna de las condiciones previas, puede aplicarse la prueba no paramétrica *U de Mann-Whitney,* también llamada prueba de la *suma de rangos.* Es útil especialmente en muestras pequeñas. Si los datos son *apareados,* es decir, se comparan dos observaciones realizadas en un mismo grupo de sujetos, puede aplicarse la *t de Student para datos apareados* si se cumple la condición de que las diferencias individuales de cada par de valores deben seguir una distribución normal (aunque esta limitación es menos necesaria si se han estudiado más de 20 sujetos).

Si no se cumplen las condiciones de aplicación de la t de Student para datos apareados, puede recurrirse a la prueba no paramétrica de los *rangos con signo* o prueba de *Wilcoxon.*

A) *Pruebas para comparar dos medias:* Estas pruebas se utilizan para comparar las medias de dos muestras para una variable cuantitativa continua, como por ejemplo, la comparación del efecto de dos fármacos sobre la presión arterial. La prueba paramétrica más utilizada para este tipo de estudios es la *t de Student-Fisher,* aunque también existe una *prueba de la Z de comparación de medias.*

t de Student-Fisher: Se utiliza para comparar las medias de dos grupos de datos independientes. Para poder aplicarse, la variable debe seguir una distribución normal en ambas muestras (no es obligatorio si n>30), y las varianzas deben ser similares en ambos grupos (homocedasticidad), siendo esta condición importante cuando los tamaños de las muestras son diferentes. Para comparar las varianzas empleamos la prueba de la *F de Snedecor.* El valor hallado de la t se busca en una tabla para un grado de significación alfa (generalmente 0.05) y con un número de grados de libertad (se calcula como n- 1); según el valor calculado, se acepta o se rechaza la hipótesis nula.

El test de *Welch* es una modificación de la t de Student para datos independientes cuando las varianzas son distintas. Sin embargo, con el uso del ordenador, los programas estadísticos realizan todos estos cálculos automáticamente mostrando directamente el valor de la *p.* Cuando la t de Student no es aplicable por no seguir las variables una distribución normal se utiliza la prueba no paramétrica *U de Mann-Whitney,* también llamada prueba de la *suma de rangos.*

Es útil especialmente en muestras pequeñas. Si los datos son *apareados,* es decir, se comparan dos observaciones realizadas en un mismo grupo de sujetos, puede aplicarse la *t de Student para datos apareados.* Si no se cumplen las condiciones de aplicación de la t de Student para datos apareados, puede recurrirse a la prueba no paramétrica de los *rangos con signo* o también conocida como prueba de *Wilcoxon.*

B) *Pruebas para comparar tres o más medias.*

Análisis de la varianza (ANOVA): Es la prueba paramétrica a la que se recurre para comparar tres o más medias para datos independientes. Es una prueba global que determina si existe alguna diferencia entre el conjunto de las medias consideradas de modo que, si se obtiene un resultado estadísticamente significativo a favor de la diferencia, se concluye que no todas las medias son iguales, pero *no define cuál de ellas es la que difiere.* En este caso, se utiliza posteriormente algún método de comparaciones de dos medias a un mismo tiempo, como el de Tukey, Scheffé, Newman-Keuls o la corrección de Bonferroni.

Para poder aplicarse, el ANOVA exige que los datos sean *independientes* y que sigan una distribución *normal* en cada grupo, con *varianzas iguales.* Si no se cumplen estas condiciones, se recurre a un análisis de la varianza no paramétrico conocido como prueba de *Kruskal-Wallis.* Para *datos apareados,* existe un *ANOVA para medidas repetidas.* La prueba no paramétrica correspondiente es la *prueba de Friedman.*

PRUEBAS ESTADÍSTICAS PARA COMPARAR PROPORCIONES.

A) *Comparación de dos grupos:* Las pruebas a aplicar son diferentes según se trate de comparar medidas realizadas en grupos independientes o bien se trate de datos apareados. En el primer caso, las pruebas más utilizadas son la *Z de comparación de proporciones* y la *Chi-cuadrado.* En el caso de datos apareados puede utilizarse la *prueba de McNemar.* En todos los casos estas pruebas no son paramétricas, y pueden aplicarse tanto a variables cualitativas como cuantitativas.

Prueba de Chi-cuadrado: La prueba de chi-cuadrado, en sentido amplio, es aplicable al contraste de variables cualitativas (nominales u ordinales), cuantitativas discretas o cuantitativas continuas distribuidas en intervalos de clase. Es una prueba frecuentemente utilizada, aplicándose para comprobar:

a) Si dos características cualitativas están relacionadas entre sí. Por ejemplo, buscar si existe relación entre el color de los ojos y el color del pelo, o infección por VHC y tipo de diálisis (peritoneal y hemodiálisis).

b) Si varias muestras de carácter cualitativo proceden de igual población (ejemplo: comparar si dos muestras determinadas de pacientes proceden de poblaciones con igual distribución de grupos sanguíneos).

c) Si los datos observados siguen una determinada distribución teórica (por ejemplo, para saber si nuestros datos siguen o no una distribución normal).

Para su cálculo, se recogen los datos en forma de tablas de frecuencia (las llamadas *tablas de contingencia),* y se calculan el número de casos que se esperaría encontrar en cada casilla de la tabla si no existiese diferencia de los grupos (es decir, se calculan los *esperados* de cada casilla, suponiendo que la hipótesis nula es cierta). Posteriormente, se calcula el valor de chi-cuadrado, que se compara en una tabla, para un número de grados de libertad (se calcula multiplicando las filas -1 por las columnas- 1).

Si alguna de las frecuencias *esperadas* es menor a 5, debe aplicarse la *corrección de Yates;* si alguna frecuencia esperada es menor a 2, no puede aplicarse la Chi-cuadrado, debiéndose utilizar entonces la *prueba exacta de Fisher* (sólo es aplicable para tablas de 2x2). Otros autores aceptan aplicar la prueba exacta de Fisher en caso de que los esperados sean inferiores a 5.

Para comparar dos variables cualitativas observadas en los mismos individuos en dos ocasiones (datos apareados) puede utilizarse la *Chi-cuadrado de McNemar.*

B) *Comparación de 3 o más grupos:*
Para datos independientes se utiliza la *Chi-cuadrado de Mantel-Haenszel*. Si los esperados son pequeños, no existe ningún test aplicable, y debemos reagrupar los datos agregando categorías. Para datos apareados, utilizamos la *Q de Cochran*.

13. MEDIDA DE LA ASOCIACIÓN ENTRE VARIABLES: CORRELACIÓN.

Hasta ahora, hemos visto una serie de pruebas que, basándose en los tests de significación estadística, nos indican si hay o no diferencias entre grupos; pero estas pruebas no nos informan sobre el grado de asociación, es decir, no dicen si un tratamiento es mejor o peor: sólo indican si es igual o no.
Para conocer el grado de asociación entre dos variables cuantitativas, se utilizan los tests de correlación: el *coeficiente de correlación de Pearson* si las distribuciones de las variables son normales, y en caso contrario, se aplica el test no paramétrico de *Spearman*.

Coeficiente de correlación de Pearson: La relación entre dos variables cuantitativas puede representarse gráficamente por una nube de puntos. *El coeficiente de correlación de Pearson (r)* es una prueba estadística que mide numéricamente la existencia de asociación entre esas variables, mediante una fórmula. Existe una relación entre el valor del coeficiente r y la forma de la nube de puntos.
El coeficiente de correlación r es un número comprendido entre -1 (relación lineal negativa perfecta) y 1 (relación lineal positiva perfecta); véase fig. posterior. La asociación es más fuerte cuanto mayor es el valor de r; valores superiores a 0.7 indican una relación muy fuerte, y 1 es la correlación perfecta.

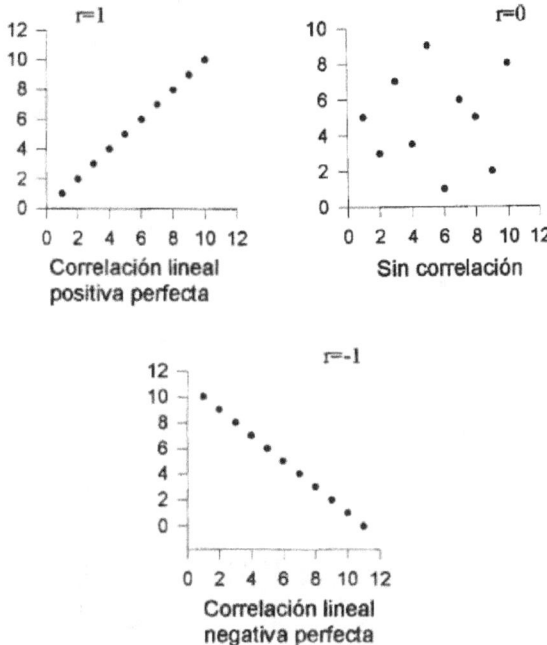

El 0 indica ausencia total de relación. Para poder aplicar el coeficiente de correlación de Pearson se requiere que ambas variables sigan una distribución normal y que la relación entre ambas variables sea lineal.

Coeficiente de correlación de Spearman: Se aplica cuando las variables no siguen la distribución normal. También se emplea para describir la relación entre dos variables ordinales o entre una ordinal y una cuantitativa. El coeficiente de Spearman puede tomar valores entre -1 y +1, y se interpreta de forma parecida al de Pearson.

Tabla 1. Pruebas estadísticas más utilizadas según tipo de variables

	Cualitativa, dos categorías	Cualitativa, más de dos categorías	Ordinal	Cuantitativa
Cualitativa, dos categorías Datos independientes	Ji al cuadrado	Ji al cuadrado	U de Mann-Whitney	t de Student
Cualitativa, dos categorías Datos emparejados	McNemar	Q de Cochran	Wilcoxon	t de Student para datos apareados
Cualitativa, más de dos categorías Datos independientes	Ji al cuadrado	Ji al cuadrado	Kruskal-Wallis	Análisis de la variancia
Cualitativa, más de dos categorías Datos apareados	Q de Cochran	Q de Cochran	Friedman	ANOVA para medidas repetidas
Cuantitativa	t de Student	Análisis de la variancia (ANOVA)	Correlación Spearman	Correlación de Pearson

14. PREDICCIÓN DE UN VALOR DE UNA VARIABLE A PARTIR EL VALOR DE OTRA VARIABLE: REGRESIÓN.

La regresión es un análisis estadístico que se utiliza cuando el objetivo es predecir o explicar el valor de una variable (variable dependiente) a partir del valor de otra (independiente). Cuando las dos variables son cuantitativas continuas, se estudia la posible *relación* entre ellas mediante la *regresión lineal simple*. En ella se calcula un *coeficiente de* regresión, que representa la magnitud del cambio de la variable dependiente por cada cambio de una unidad de la variable independiente. Para que sea aplicable la regresión lineal, debe cumplirse que la relación entre las variables siga una línea recta del tipo y=ax+b, y que los valores de *y* sean independientes unos de otros. Un ejemplo práctico sería cómo aumenta la recirculación de la fístula arteriovenosa conforme aumenta el flujo sanguíneo.

Para generalizar el análisis a un modelo con más de una variable independiente se emplea la *regresión lineal múltiple*, elaborando una ecuación del tipo y=a+b1x1+b2x2+b3x3... Por último, cuando la variable independiente es continua y la dependiente dicotómica, se utiliza la *regresión logística*. Este sería el caso por ejemplo de conocer la relación entre el número de cigarrillos fumados y el desarrollo de cáncer de pulmón; la variable independiente, los cigarrillos fumados, es continua, mientras que la dependiente, tener o no tener cáncer, es dicotómica.

Variable dependiente
(resultado)

		Dicotómica	Continua
Variable independiente (predictora)	Dicotómica	Chi-cuadrado	t de Student
	Continua	Regresión logística	Regresión lineal

Al igual que la regresión lineal, la regresión logística posee su *coeficiente de regresión logística* y el cálculo de las estimaciones se basa en procesos matemáticos complejos mediante el *método de la máxima verosimilitud.*

15. ANÁLISIS MULTIVARIANTE.

Si nos planteamos el estudio simultáneo de más de dos variables en cada sujeto, las pruebas se complican. Por ejemplo, si estudiamos la asociación de una determinada enfermedad y 20 factores ambientales. Para estas situaciones existen técnicas estadísticas basadas en modelos matemáticos de cálculo muy complejos, denominadas *análisis multivariante,* en su mayoría derivados del análisis de regresión múltiple. Sin embargo, su utilización es cada vez más frecuente gracias a potentes programas de ordenador que realizan estos cálculos. Su inconveniente es que conforme aumentan las variables a estudiar, también aumenta la probabilidad de encontrar un falso positivo.

16. ANÁLISIS DE LA SUPERVIVENCIA.

En numerosas ocasiones se diseñan trabajos de investigación con el fin de conocer la supervivencia de un paciente a lo largo del tiempo ante una enfermedad o un trasplante, o de comparar la eficacia de diferentes tratamientos sobre la supervivencia de los pacientes. Para poder extraer conclusiones útiles de estos estudios se requiere aplicar el método estadístico conocido como *análisis de supervivencia.* Con este análisis podemos conocer la probabilidad de sobrevivir a lo largo del tiempo ante la presencia de una enfermedad, estimar las tasas de supervivencia en una población o comparar con seguridad estadística la eficacia de distintos tratamientos sobre dicha supervivencia.

El principal problema del análisis de la supervivencia es la irregularidad cuantitativa y cualitativa de los pacientes en la muestra: el tiempo que permanece cada paciente en el estudio es diferente, y debido a causas distintas: algunos fallecen, otros se pierden en el seguimiento y otros siguen vivos al final del estudio.

Los diferentes métodos que se emplean para analizar la supervivencia son el método *directo,* el método de *Kaplan-Meier* y el método *Actuarial.* El objetivo común de estos métodos es estudiar el tiempo que transcurre desde la ocurrencia de un determinado suceso (comenzar un tratamiento, diagnóstico de un cáncer, trasplantarse) hasta la ocurrencia de otro (curación de la enfermedad, morir, perder el trasplante). Con ellos se obtienen una *curva de supervivencia* en la que en el eje horizontal se representa el tiempo y en el vertical la probabilidad de que un paciente sobreviva a un tiempo dado. La curva tiene una morfología en forma de escalera, con ligeras diferencias según el método que se trate.

El método de *Kaplan-Meier* es uno de los más utilizados y se diferencia del actuarial en que utiliza para los cálculos el momento *exacto* en que se produce la muerte, mientras que el actuarial sitúa este momento en un intervalo arbitrario. De esta forma, los "escalones" de la curva de supervivencia de Kaplan-Meier son irregulares, mientras que los del método actuarial son todos iguales. Una vez representadas las curvas de cada grupo, se utiliza un test para compararlas; uno de los más utilizados es el test de *Log-Rank o rango logarítmico de Mantel-Cox*, una variante de la Chi-cuadrado de Mantel-Haenszel. Aparte de la significación estadística, puede calcularse además el riesgo relativo o probabilidad de riesgo de un grupo respecto a otro.

17. DISTRIBUCIONES DE PROBABILIDAD

Se presenta a continuación una lista en orden alfabético de algunas distribuciones de probabilidad univariadas de uso común. Como es costumbre, la función de probabilidad o de densidad se denota por $f(x)$, y la función de distribución por $F(x)$. Como en el texto, $G(t)$ es la función generadora de probabilidad, $M(t)$ es la función generadora de momentos, y $\varphi(t)$ es la función característica.

Distribución Bernoulli

$X \sim \text{Ber}(p)$, con $p \in (0, 1)$.

$f(x) = p^x(1 - p)^{1-x}$ para $x = 0, 1$.

$E(X) = p$.

$\text{Var}(X) = p(1 - p)$.

$G(t) = 1 - p + pt$.

$M(t) = 1 - p + pe^t$.

Este es el modelo más simple de variable aleatoria y corresponde a la observación de la ocurrencia o no ocurrencia de un evento. La suma de n variables independientes Ber(p) tiene distribución bin(n, p).

Distribución beta

$X \sim \text{beta}(a, b)$ con $a > 0, b > 0$.

$f(x) = x^{a-1}(1 - x)^{b-1}/B(a, b)$, para $x \in (0, 1)$.

$E(X) = a/(a + b)$.

$\text{Var}(X) = ab/[(a + b + 1)(a + b)^2]$.

Cuando a = 1, b = 2 o a = 2, b = 1 se obtiene la distribución triangular.

Distribución binomial

$X \sim bin(n, p)$ con $n \in N$ y $p \in (0, 1)$.

$f(x) = (n / x) \, p_x(1 - p)_{n-x}$ para $x = 0, 1, \ldots, n$.

$E(X) = np$.

$Var(X) = np(1 - p)$.

$G(t) = (1 - p + pt)_n$.

$M(t) = [1 - p + pe_t]_n$.

Una variable aleatoria binomial registra el número de éxitos en n ensayos independientes Bernoulli en donde en cada ensayo la probabilidad de éxito es p. La suma de dos variables independientes con distribución $bin(n, p)$ y $bin(m, p)$ tiene distribución $bin(n + m, p)$.

Distribución binomial negativa

$X \sim bin \, neg(r, p)$ con $r \in N$ y $p \in (0, 1)$.

$f(x) = (r + x - 1 / x) \, p_r(1 - p)_x$ para $x = 0, 1, \ldots$

$E(X) = r(1 - p)/p$.

$Var(X) = r(1 - p)/p_2$.

$G(t) = [p/(1 - t(1 - p))]_r$.

$M(t) = [p/(1 - qe_t)]_r$.

Este es el modelo que se usa para contar el número de fracasos antes de obtener el r- esimo éxito en una sucesión de ensayos independientes Bernoulli, en donde en cada ensayo la probabilidad de éxito es p. La distribución binomial negativa se reduce a la distribución geométrica cuando $r = 1$.

Distribución Cauchy

$X \sim Cauchy(a, b)$ con $a > 0$ y $b > 0$.

$f(x) = 1 / b \pi [1 + ((x - a)/b)_2]$.

La esperanza, la varianza y cualquier momento no existen.

La función generadora de momentos no existe para t $6= 0$.

$\phi(t) = exp(iat - b|t|)$.

Cuando $a = 0$ y $b = 1$ se obtiene la distribución Cauchy estándar, y coincide con la distribución $t(n)$ con $n = 1$. En este caso, $f(x) = 1/(\pi(1 + x_2))$, para $x \in R$. $F(x) = 1/2 + (\arctan x)/\pi$, para $x \in R$.

Distribución exponencial

$X \sim \exp(\lambda)$ con $\lambda > 0$.

$f(x) = \lambda e^{-\lambda x}$, para $x > 0$.

$F(x) = 1 - e^{-\lambda x}$, para $x > 0$.

$E(X) = 1/\lambda$.

$\text{Var}(X) = 1/\lambda^2$.

$M(t) = \lambda/(\lambda - t)$ para $t < \lambda$.

$\phi(t) = \lambda/(\lambda - it)$.

La suma de n variables independientes $\exp(\lambda)$ tiene distribución gama(n, λ).

Distribución gama

$X \sim$ gama(n, λ) con $n > 0$ y $\lambda > 0$.

$f(x) = (\lambda x)^{n-1} \square(n) \lambda e^{-\lambda x}$ para $x > 0$.

$F(x) = 1 - e^{-\lambda x} \sum_{k=0}^{n-1} (\lambda x)^k/k!$ para $x > 0$ y n entero.

$E(X) = n/\lambda$.

$\text{Var}(X) = n/\lambda^2$.

$M(t) = [\lambda/(\lambda - t)]^n$, para $t < \lambda$.

Cuando $n = 1$ la distribución gama se reduce a la distribución exponencial. Advertencia: para denotar esta distribución en algunos textos se usa el símbolo gamma(λ, n), es decir, el orden de los parámetros es distinto. En ocasiones se usa el parálmetro $1/\theta$ en lugar de λ.

Distribución Geométrica

$X \sim$ geo(p) con $p \in (0, 1)$.

$f(x) = p(1 - p)^x$ para $x = 0, 1, \ldots$

$E(X) = (1 - p)/p$.

$\text{Var}(X) = (1 - p)/p^2$.

$G(t) = p/[1 - t(1 - p)]$.

$M(t) = p/[1 - (1 - p)e^t]$.

Esta variable se usa para modelar el número de fracasos antes de obtener el primer éxito en una sucesión de ensayos independientes Bernoulli, en donde en cada uno de ellos la probabilidad de éxito es p. La distribución geométrica es un caso particular de la distribución binomial negativa.

Distribución hipergeométrica

$X \sim$ hipergeo(N, K, n) con N, K, $n \in N$ y $n \leq K \leq N$.

$f(x) = (K / x) (N - K / n - x)/(N/n)$

para $x = 0, 1, \ldots, n$.

$E(X) = nK/N$.

$Var(X) = n \, K \, N \, N - K \, / \, N \, N - n \, N - 1.$

Si un conjunto de N elementos se puede separar en dos clases, una clase con K elementos y la otra con $N - K$ elementos, y si se seleccionan n elementos de este conjunto, entonces la variable X modela el núumero de elementos seleccionados de la primera clase.

Distribución ji-cuadrada

$X \sim \chi_2(n)$ con $n > 0$.

$f(x) = 1 \, / \, \square(n/2) \, (1/2)_{n/2} \, x_{n/2-1} e_{-x/2}$ para $x > 0$.

$E(X) = n$.

$Var(X) = 2n$.

$M(t) = (1 - 2t)_{-n/2}$ para $t < 1/2$.

$\phi(t) = (1 - 2it)_{-n/2}$.

Si X tiene distribución $N(0, 1)$, entonces X_2 tiene distribución $\chi_2(1)$.

Distribución log normal

$X \sim \log \text{normal}(\mu, \sigma_2)$ con $\mu \in R$ y $\sigma_2 > 0$.

$f(x) = 1 \, / x\sqrt{2}\,\pi \, \sigma_2 \exp[-(\ln x - \mu)_2/2\,\sigma_2]$ para $x > 0$.

$E(X) = \exp(\mu + \sigma_2/2)$.

$E(X_n) = \exp(n\mu + n_2\,\sigma_2/2)$.

$Var(X) = \exp(2\mu + 2\,\sigma_2) - \exp(2\mu + \sigma_2)$.

La función generadora de momentos no existe. Si X tiene distribución $N(\mu, \sigma_2)$, entonces e_X tiene distribución log normal(μ, σ_2).

Distribución normal

$X \sim N(\mu, \sigma_2)$ con $\mu \in R$ y $\sigma_2 > 0$.

$f(x) = 1 \, / \sqrt{2}\,\pi \, \sigma_2 \, e_{-(x-\mu)_2/2\sigma_2}$.

$E(X) = \mu$.

$Var(X) = \sigma_2$.

$M(t) = \exp(\mu t + \sigma_2 t_2/2)$.

$\phi(t) = \exp(i\mu t - \sigma_2 t_2/2)$.

Cuando $\mu = 0$ y $\sigma_2 = 1$ se obtiene la distribución normal estándar. La suma o diferencia de dos variables independientes con distribución normal tiene distribución normal.

Distribución Pareto

$X \sim \text{Pareto}(a, b)$ con $a > 0$ y $b > 0$.

$f(x) = ab_a/(b + x)_{a+1}$ para $x > 0$.

$F(x) = 1 - [b/(b + x)]^a$ para $x > 0$.

$E(X) = b/(a - 1)$ para $a > 1$.

$Var(X) = ab^2/[(a - 1)^2(a - 2)]$ para $a > 2$.

Distribución Poisson

$X \sim \text{Poisson}(\lambda)$ con $\lambda > 0$.

$f(x) = e^{-\lambda} \lambda^x/x!$ para $x = 0, 1, \ldots$

$E(X) = \lambda$.

$Var(X) = \lambda$.

$G(t) = e^{-\lambda(1-t)}$.

$M(t) = \exp[\lambda(e^t - 1)]$.

La suma de dos variables independientes con distribución Poisson(λ_1) y Poisson(λ_2) tiene distribución Poisson($\lambda_1 + \lambda_2$).

Distribución t

$X \sim t(n)$ con $n > 0$.

$f(x) = \square((n + 1)/2) \sqrt{n}\pi \ \square(n/2) (1 + x^2/n)^{-(n+1)/2}$.

$E(X) = 0$.

$Var(X) = n/(n - 2)$ para $n > 2$.

$M(t)$ no existe para $t \neq 0$.

$\phi(t) = \exp(-|t|)$, cuando $n = 1$. La expresi´on de $\phi(t)$ resulta complicada para valores $n \geq 2$.

Distribución uniforme discreta

$X \sim \text{unif}\{x_1, \ldots, x_n\}$ con $n \in N$.

$f(x) = 1/n$ para $x = x_1, \ldots, x_n$.

$E(X) = (x_1 + \cdots + x_n)/n$.

$Var(X) = [(x_1 - \mu)^2 + \cdots + (x_n - \mu)^2]/n$.

$G(t) = (t^{x_1} + \cdots + t^{x_n})/n$.

$M(t) = (e^{x_1 t} + \cdots + e^{x_n t})/n$.

PARTE 2 APLICACIONES PARA GINECOLOGÍA

LA INVESTIGACION CIENTIFICA, ENSAYOS Y PRUEBAS CLÍNICAS.

La ciencia es el resultado de la investigación y la aplicación del método científico. Tiene relación con los valores que el hombre da a los distintos aspectos de la vida. Esta relación entre ciencia y valores se establece mediante las motivaciones e intereses humanos. "La ciencia es el conocimiento racional, cierto o probable, obtenido metódicamente, sistematizado y verificable".

Solemos referirnos a los ensayos o pruebas clínicas como a experimentos realizados con personas con objeto de valorar si un nuevo tratamiento es efectivo en la curación de una determinada enfermedad. También se utiliza esta denominación cuando los experimentos no se refieren a personas o los tratamientos no sean necesariamente medicamentos; éstos deberán entenderse en un sentido amplio, procedimientos diagnósticos, técnicas de matronería, etc.

Podemos decir que en los ensayos clínicos existen dos etapas, en un primer paso elegiremos los individuos, cuya observación dará lugar a los datos, de forma muy precisa dado que serán la materia prima a utilizar en la segunda fase dedicada al análisis de estos datos.

Técnicamente los ensayos clínicos no son más que experimentos, realizados de acuerdo con unas determinadas pautas estadísticas y un método, **el método científico**. Por ellos analizaremos detenidamente este último y su procedimiento.

El Método Científico

Es el camino a seguir mediante una serie de operaciones y reglas prefijadas, aptas para alcanzar el resultado propuesto. (Ander Egg).

Una teoría

Establece principios generales que orientan la explicación de uno o varios hechos específicos, que se han observado en forma independiente, y que están relacionados con un modelo conceptual. Es el marco de referencia que contiene un conjunto de construcciones hipotéticas, definiciones y proposiciones relacionadas entre si. De acuerdo con el nivel de desarrollo de las teorías, estas pueden ser de tipo descriptivo, explicativo o predictivo.

- Descriptivo: En este nivel se realiza un ordenamiento de los resultados de las observaciones sobre fenómenos o situaciones dadas.

- Explicativo: Se expresa la interpretación de las relaciones entre diferentes tipos de variables, determinando la presencia, ausencia o fluctuación de dichas variables, por lo cuál constituye la base para el nivel predictivo.

- Predictivo: se refiere a las proposiciones de las relaciones de las variables explicando la validez general de los fenómenos estudiados, bajo condiciones específicas e indica la disección para cualquier actividad.

Investigación:

Es el estudio sistemático, controlado, empírico, reflexivo y critico de proposiciones hipotéticas sobre las supuestas relaciones que existen entre fenómenos naturales. Permite descubrir nuevos hechos o datos, relaciones o leyes, en cualquier campo del conocimiento humano. Es una indagación o exámen cuidadoso en la búsqueda de hechos o principios, una pesquisa diligente para averiguar algo.

A través de la investigación se aplican los procedimientos del método científico a la solución de cuestiones esenciales acerca de hechos significativos; con ella se trata de resolver problemas, encontrar respuestas a preguntas y estudiar la relación entre factores y acontecimientos.

Etapas del Proceso de Investigación

La metodología de la investigación es un proceso sistemático en el que es necesario ir recorriendo distintos pasos para obtener los resultados deseados.

- Formulación del problema. Elaboración del Marco Teórico (Hipótesis), definición de Objetivos, definición teórica de variables, elección del Universo y Unidades de análisis.
- Elección del tipo de estudio, operación con las variables y elección de los indicadores, selección de la fuente de recolección de datos, elaboración del instrumento para la recolección de datos y su prueba, extracción de la muestra.
- Recolección de datos.
- Procesamiento de la información.
- Análisis e interpretación de la información.
- Redacción de informes de resultados y su difusión.

Primer Etapa

Formulación de un problema de Investigación

Existen varias formas de acercarse a un problema de investigación: una puede ser analizar la experiencia cotidiana, otra revisar la bibliografía existente sobre investigaciones que otros han realizado y finalmente la utilización de teorías que se refieren a situaciones o fenómenos de interés para el investigador.

El punto de partida puede ser un problema que le ha llamado la atención en su ambiente laboral, familiar o social. Ej.: ¿Por qué ocurren estas cosas? ¿Por qué no podrían ser de otra manera? El Problema debe estar definido con:

o Conceptos bien claros y específicos.

o Conceptos que puedan ser transformados en hechos observables y estar formulado de manera que resulte factible de realizar. ¿COMO SE LLEGA A DEFINIR EL PROBLEMA DE INVESTIGACION? Pueden desarrollarse algunas de estas actividades:

- Estudiar las teorías relevantes y revisar investigaciones ya realizadas sobre el tema.
- Consultar a personas con experiencia en ese campo.
- Hacer sus propias observaciones y reflexiones acerca del tema.

Selección del Marco Teórico

Una vez que se ha formulado el problema de investigación es necesario seleccionar un modelo teórico en el que se fundamentará el estudio. ¿QUE ES UN MARCO TEORICO?, es una teoría, un conjunto de proposiciones y definiciones extraídas de la realidad social y que explican fenómenos sociales concretos. En una teoría podemos encontrar por lo menos dos elementos:

- Conceptos o definiciones. Los conceptos son abstracciones obtenidas de acontecimientos observados.

- Proposiciones e Hipótesis. Habitualmente son suposiciones de hechos que van a ocurrir. Ej:" Los chicos de hoy aprenden más rápido que los chicos de antes". Una hipótesis es una predicción o explicación tentativa o provisional de la relación entre dos o más variables. Las proposiciones e hipótesis científicas son generalizaciones que relacionan dos o más variables y que intentan mostrar asociaciones entre fenómenos o dar explicaciones de los hechos.

Una de las tareas de la investigación científica es verificar (comprobar si es verdadera o falsa), las hipótesis. Aquellas hipótesis que han sido suficientemente verificadas son las que llamamos proposiciones teóricas. Una forma de verificar la hipótesis es compararla con otra para decidir cuál es la verdadera. La diferencia entre proposición e hipótesis es que la última es una proposición que todavía requiere verificación.

En esta etapa de selección del Marco Teórico, es importante que el investigador obtenga un grupo de conceptos o definiciones de los aspectos más importantes en relación al tema en estudio y algunas proposiciones que le ayuden a comprender la conexión entre los fenómenos a investigar. El Marco Conceptual es un conjunto de conceptos referidos a un tema y forma parte del marco Teórico.

Definición de los objetivos de estudio

Cada investigación tiene Objetivos Generales y Objetivos Específicos. El Objetivo general se desprende del marco teórico y delimita la clase de fenómenos que se van a estudiar y el alcance de los resultados de la investigación. Se refiere a la puesta a prueba de la hipótesis.

Los Objetivos Específicos son más concretos que los Generales y su definición debe orientar hacia aspectos concretos del problema, y de allí poder desprender las **variables** en estudio, el **universo** y las **unidades de análisis**. Los objetivos se escriben siempre con verbos en infinitivo: describir, conocer, detectar, analizar, etc.

Explicitación de Hipótesis:

Una Hipótesis es algo que uno supone que va a ocurrir, pero que no necesita confirmación en los hechos. Las Hipótesis Científicas se desprenden de una teoría que se construyó en base a un proceso científico. En ciencia, una Hipótesis es el enunciado de una relación entre dos o más hechos o variables de manera tal que permite la verificación empírica.

Las Hipótesis Explicativas: enuncian la relación de caúsa a efecto entre dos fenómenos. Las Proposiciones e Hipótesis relacionan variables entre si de diversas maneras. Cuándo conocemos o suponemos la dirección en que las variables se influyen recíprocamente, se puede designar a una de ellas como DETERMINANTE (caúsa o variable independiente) y a la otra como RESULTADO (efecto o variable dependiente). Ej: A mayor conocimiento mayor prestigio. V. Independiente V. Dependiente

Definición de Variables:

Variable es alguna característica de un fenómeno que tiene la propiedad de asumir distintos valores, en otras palabras: que tiene la propiedad de cambiar o variar. Aquellas características que en un grupo de personas no tienen la posibilidad de variar, las llamamos constantes.

Cada variable a utilizar en una investigación tiene que ser rigurosamente definida conceptualmente, es decir explicitar claramente que se va a entender por cada una de esas características que se medirán en cada unidad de análisis del estudio. Las Variables se desprenden del Marco Teórico.

Para llegar a esta definición teórica es necesario revisar la bibliografía existente sobre el tema y seleccionar, de las definiciones existentes, aquella que más se adecue al estudio que se está llevando a cabo.

Existen variables que son complejas y contienen dentro de ellas más de un aspecto. A estos diversos aspectos de una misma variable se les llama **dimensiones.** Cuándo en un estudio se analizan variables complejas es necesario no sólo definirlas conceptualmente sino, también enumerar y definir cada una de sus dimensiones. **Ej.** De variable compleja: Status socioeconómico:

Sus dimensiones son:

- o **Aspecto económico:** medido a través del ingreso.
- o **Prestigio:** se evalúa según sea la profesión de la persona (asumiendo que en esa sociedad la profesión tiene un grado especial de prestigio.
- o **Aspecto Educacional:** se basa en el nivel de instrucción alcanzado por la persona.

Todas las variables no necesitan establecer sus dimensiones. Una vez definidas adecuadamente las variables y (en caso de tenerlas) sus dimensiones, es necesario establecer un **sistema de categorías** para cada variable. Esto es definir, cuántas y cuales son las alternativas o posiciones en las que puede variar cada variable.

Ej. Variable: **Sexo,** puede manejarse con dos categorías: varón y mujer (variable dicotómica)
Ej. Variable: **Nivel de Instrucción,** puede categorizarse: **primario, secundario, terciario, univesitario.**

Todo sistema de categorías debe tener dos propiedades:

a) Que sus categorías sean mutuamente excluyentes (es decir que cada unidad de análisis pueda ser ubicada en una sola categoría).

b) Que el sistema permita clasificar a todas las unidades de análisis que constituyan la muestra.

Ej. Variable **EDAD:** Esta variable requiere una categorización numérica, para lo cuál las categorías están constituidas en intervalos de tiempo:
De 1 a 3 años
De 4 a 6 años
De 7 a 9 años
De 10 o +

Elección del Universo

El Universo es el conjunto de unidades que serán objeto de estudio. También se lo llama Población en Estudio. Delimita el campo a estudiar porque hay que definir su localización temporal y espacial, ej. La población menor de 15 años de la Ciudad de Córdoba.

Unidades de análisis

Las Unidades de Análisis son los componentes del universo sobre los cuales se medirán las variables en estudio. Estas Unidades de Análisis pueden ser de distinto tipo:

- Unidades de Análisis Individuales: Son las personas
- Unidades de análisis colectivas: son los grupos u organizaciones.
- Productos culturales: son las normas, documentos, revistas, artículos, etc.

Ej. U Individuales: Cada Enfermero U Colectivas: Los Departamentos de Enfermería. Productos Culturales: Cada Código o Procedimiento. Programas de TV. Campañas publicitarias, etc.

Según el tipo de Unidades de Análisis también será el tipo de variables que se estudien en ellas. Así por ej. En los enfermeros se pueden estudiar variables como edad, sexo, composición familiar, actitud hacia la tarea, etc. En los Dptos de Enfermería, podría estudiarse su estructura y funcionamiento, la cantidad y calidad del personal, la relación con las autoridades, su vinculación con otros departamentos de la institución, etc.
En relación a los procedimientos, puede analizarse la cantidad, el grado de difusión y aceptación entre el personal, etc.

MUESTREO

Una Muestra es el subconjunto que se utiliza para una investigación y se representa con la letra **n**. La muestra debe ser representativa. La muestra es una parte de un conjunto mayor de unidades de análisis (Seres, elementos u objetos), que poseen ciertas características en común y que deseamos investigar. Este conjunto mayor es lo que se llama Universo o Población Blanco. Muchas veces no le es posible al investigador acceder a toda la Población Blanco, para seleccionar las unidades que formarán parte de su muestra; en estos casos, estas se seleccionarán de una Población Accesible.

IMPORTANTE: cuándo se piensa en un diseño muestral hay que tener en cuenta los objetivos y la finalidad de la investigación. También la disponibilidad de información sobre el conjunto del que se extraerá la muestra (estadísticas, registros, listados, historias clínicas, etc.) También se deben considerar los recursos económicos, humanos y técnicos.

El Diseño Muestral debe ser acorde a las posibilidades del investigador tanto como a los objetivos e intenciones de la investigación.

SELECCIÓN DE LOS CASOS.

Las muestras se dividen en dos grupos, de acuerdo al método que se utilice para seleccionar las unidades de análisis que forman parte de la misma:

Probabilísticas y No Probabilísticas.

Muestras Probabilísticas: requiere que los casos se elijan al azar, o de alguna otra manera que permita conocer cuál es la probabilidad que tiene cada unidad de análisis de ser incluida en la muestra, a fin de poder calcular cuál es el margen de error con el que podremos generalizar los resultados del estudio realizado. Los métodos de muestreo probabilística más utilizados son: aleatorio simple (o al azar), sistemático, al azar estratificado y por conglomerados (o grupos). El muestreo aleatorio simple es el método básico. Se basa en una selección que da a cada elemento una idéntica probabilidad de formar parte de la muestra. La dificultad más grande que presenta es que requiere que el investigador cuente con un listado completo de todas las unidades de análisis, para proceder a sortear los casos que integrarán su muestra. (Bolillero)

El muestreo sistemático consiste en seleccionar de un modo sistemático de una lista, los casos que formarán parte de la muestra. Es similar al anterior, con la diferencia de que sortea solo la primera unidad de análisis y luego se pueden ir seleccionando por ej. Un paciente de cada 25.

El muestreo estratificado: consiste en dividir a la población en estratos o subconjuntos homogéneos y luego sortear por separado dentro de cada estrato. Ej. Varones y mujeres. Este tipo de muestreo permite aumentar la presición y representatividad de la muestra y es recomendable siempre que se cuente con información confiable respecto a la variable o variables, que se utilizarán para armar los estratos.

El muestreo por grupo o conglomerado: requiere que se formen conglomerados heterogéneos (hacia su interior) y luego se sortee cuál de estos se estudiará. Se podrían armar varios conglomerados conteniendo cada uno Hospitales Públicos, Privados y de Obra Social, de manera que cualquiera de estos podría ser tomado para el estudio con el mismo resultado.

Muestras no aleatorias o empíricas:

Este tipo de muestras al no ser probabilísticas no permiten que se calcule la probabilidad de selección de cada unidad del universo a estudiar. Innumerables muestras no son probabilísticas y brindan valiosa información.

Muestras accidentales: aquí para seleccionar las unidades de análisis se utilizan personas u objetos, con los que fácilmente se cuenta. Por Ej. En un determinado hospital se distribuyen cuestionarios a todo el personal y la muestra queda constituida por aquellos que lo contestaron. El problema con estas muestras es que las unidades de análisis con las que se cuenta tal vez no sean las típicas de la población en estudio.

Muestras por cuotas o proporcionales: este tipo de muestreo consiste en establecer cuotas para las diferentes categorías del universo, que son réplicas del conjunto, quedando a disposición del investigador la selección de las unidades de análisis. El investigador debe conocer ciertas características del universo para así mantener las proporciones en la muestra. Si en una población sabemos que hay un 60% de mujeres y un 40 % de hombres, la muestra debe reflejar esas proporciones; pero si además se tienen en cuenta categorías ocupacionales: agricultores, obreros, etc. La muestra debe respetar estas proporciones.

Muestras intencionadas o razonadas: este tipo de muestreo se basa en la idea de que el investigador posee un cierto conocimiento del universo a estudiar porque es él quién escoge intencionalmente y no al azar las unidades de análisis según su opinión.

TIPOS DE ESTUDIO

Los diseños de investigación pueden ser **Exploratorios, Descriptivos o Explicativos**. Los primeros son frecuentes en áreas donde las problemáticas no están suficientemente desarrolladas. En los descriptivos el interés está enfocado en las propiedades de los objetos o de las situaciones y dan como resultado un diagnóstico. Los explicativos tratan de dilucidar, de un conjunto de factores, cuáles tienen más incidencia en un fenómeno.

También pueden ser **Retrospectivos,** cuándo el estudio se refiere a hechos que ocurrieron en el pasado y **Prospectivo** cuándo se hará un seguimiento de fenómenos en el futuro.

Etapa

Elección del Tipo de Diseño

Una vez que el problema de investigación ha sido formulado (PRIMERA ETAPA) se debe decidir con que esquema o diseño de investigación se va a realizar el estudio. Estos esquemas difieren en relación a los objetivos de la investigación, que pueden ser:

1) de explorar, 2) de describir o 3) de explicar algún fenómeno. Si el investigador se plantea indagar en un tema poco conocido, es conveniente que elija un DISEÑO EXPLORATORIO, en dónde el énfasis esté puesto en el descubrimiento de ideas y aspectos profundos de un fenómeno. **Ej.: Implicancia social de la violencia familiar.**

Si el interés está puesto en describir personas, grupos o situaciones, el tipo de diseño que se adapta a este objetivo es un ESTUDIO DESCRIPTIVO, donde adquiere relevancia la precisión de los datos. **Ej. Cuáles son las condiciones en que se desarrolla el trabajo de enfermería y cómo estas condiciones repercuten en las vidas cotidianas de las personas.** Este estudio descriptivo está publicado en los Cuadernos Médico Sociales N°53, de septiembre de 1990 bajo el título "Trabajo y vida cotidiana en enfermería": Cuándo el investigador desea poner a prueba una hipótesis de relación causal, requiere un **ESQUEMA O DISEÑO EXPLICATIVO** con procedimientos precisos que permitan inferir la causalidad de un fenómeno. Ej. Averiguar los efectos en el desarrollo de la identidad en los niños que viven en la calle de la Ciudad de Buenos Aires.

Los estudios explicativos se proponen comprobar hipótesis de relación causal. Dentro del diseño explicativo están incluidos los estudios experimentales. El **experimento** es uno de los esquemas utilizados para probar hipótesis causales. El esquema básico de una experimentación consiste en que un grupo "experimental" es expuesto a la presunta variable causal, en tanto otro grupo "control" no lo es; luego ambos grupos son comparados en términos del efecto o variable dependiente. Por tratarse de seres humanos no siempre es posible manipular las variables. El experimento como esquema de verificación requiere de procedimientos altamente rigurosos.

Definición operacional de las variables

Algunas variables se refieren a hechos observables, por **Ej. La cantidad de alumnos por grado.** En este caso para realizar la medición de esta variable alcanzaría con solo observar los grupos de niños y contarlos. Pero existen otras variables que se refieren a aspectos no observables o hechos no manifiestos. **Por Ej. Nivel de participación en las actividades escolares de los alumnos de 5º grado.** Para poder medir estas variables se deben seleccionar hechos observables que las representen. Esta tarea se denomina **operacionalizaciòn de las variables.** El nexo entre la definición teórica de la variable y la realidad se llama INDICADOR:

Ej. El indicador de la variable analfabetismo en un país, es el porcentaje de personas mayores de 5 años que nunca fueron a la escuela.

La elección de los indicadores se hace en base a 1) el Marco Teórico, 2) al contexto en donde se hace el estudio y c) a las posibilidades de obtener los datos. Ej. Variable: TAMAÑO DEL HOSPITAL INDICADORES:

- Cantidad de Salas
- Nº de Consultorios externos
- Nº de camas
- Cantidad de personal

Formación de Índices

La cantidad de indicadores requeridos para representar la totalidad de una variable depende también, de la cantidad de dimensiones en que se haya subdividido. Para cada una de esas dimensiones es preciso seleccionar indicadores que las representen en el mundo empírico (hechos observables). Luego se construye un indicador único que resume la información de todos los indicadores de las dimensiones, este es el **INDICE**.

Ej. Variable: Nivel Socioeconómico

Dimensiones: Situación económica: medida a través del indicador ingresos mensuales
Prestigio: medida a través del tipo de ocupación
Educacional: medida a través del nivel de instrucción alcanzado. En cada dimensión los integrantes de la muestra obtendrán un puntaje que corresponde a ingresos, ocupación e instrucción. **2.4- Elección de la Fuente de datos**

Fuente de datos Primaria

Los datos primarios son aquellos relevados por el investigador para realizar su estudio. La fuente de esos datos es la que se denomina **Primaria**. Es el caso de las personas entrevistadas para un estudio o aquellas a quienes se les aplica un cuestionario.

Fuente de datos Secundaria

Los datos secundarios son aquellos que no han sido relevados por el investigador, pero que son utilizados por él para realizar la investigación. Los datos secundarios forman una fuente de datos **Secundarios. Ej. Historias Clínicas, periódicos, libros, estadísticas oficiales, mapas, audiovisuales, películas, etc.**

Métodos de Recolección de Datos

Los Métodos de recolección de datos son los procedimientos a través de los cuales se obtiene la información necesaria para la investigación. La elección del Método está en relación con el tipo de estudio (exploratorio, descriptivo o explicativo). Los Datos Primarios pueden ser obtenidos a través de: **Observación, Entrevistas, Cuestionarios, o procedimientos particulares.**

Observación

Es uno de los métodos más primordiales de la Investigación Científica. C. Celltiz. (Metodólogo). La observación se convierte en científica cuándo:

- Sirve a un objetivo de la investigación. Se basa en un marco teórico que sirve de referencia y orientación a las observaciones.
- Es planificada sistemáticamente.
- Es controlada sistemáticamente y relacionada con proposiciones generales.
- Estar sujeta a comprobaciones y controles de validez y confiabilidad.

El mayor valor del método de **Observación** es que hace posible obtener la información del comportamiento tal como este ocurre. Cuándo se selecciona el método de observación, el investigador se enfrenta a 4 preguntas básicas:

- ¿Qué debería ser observado?
- ¿Cómo deberán ser resumidas estas observaciones?
- ¿Qué procedimientos deberán ser utilizados para tratar de asegurarse la exactitud de la observación.
- ¿Qué relación debería existir entre el observador y los observados y cómo puede ser establecida esta relación?

La Observación puede ser **PARTICIPANTE o EXTRUCTURADA.** En la **OBSERVACIÖN PARTICIPANTE**, el observador toma el rol de un miembro más del grupo o comunidad y participa en sus actividades simultáneamente con su rol de investigador. En la **OBSERVACION ESTRUCTURADA**, la observación de los hechos se realiza a través de una guía establecida previamente, acerca de lo que se va a observar.

Entrevistas

La entrevista es una conversación entre dos o más personas, en la cuál uno es el entrevistador y el otro u otros son los entrevistados. Durante la entrevista estas personas dialogan en relación a ciertos temas, de acuerdo a algún esquema establecido en función del propósito del estudio.

Las entrevistas pueden ser **ESTRUCTURADAS, NO ESTRUCTURADAS** o **COLECTIVAS.** Entrevistas **ESTRUCTURADAS,** se llaman también entrevistas formales o estandarizadas, y se desarrollan a través de una guía de entrevista donde figuran las preguntas que se realizarán al entrevistado. En las Entrevistas **NO ESTRUCTURADAS** se trata de un conjunto de preguntas abiertas que son respondidas dentro de una conversación, teniendo como característica principal la ausencia de una standarización formal. Este tipo de entrevista puede adoptar dos modalidades:

Entrevista focalizada: la entrevista se focaliza sobre un tema sin tener preguntas específicas establecidas. Este tipo de entrevista es muy útil para estudiar un tema sobre el que existe escasa información o para un tema conflictivo.

Entrevista no dirigida: En esta entrevista el entrevistado tiene completa libertad para expresar sus opiniones o sentimientos y el entrevistador solo se limita a estimularlo a hablar de determinado tema.

Entrevistas **COLECTIVAS** son entrevistas que se realizan en grupos homogéneos y con una guía de entrevista. Los participantes contestan cuándo lo desean y se registran las respuestas sobre las que existe consenso en el grupo.

Cuestionarios

El cuestionario es una de las modalidades de la encuesta que requiere una gran habilidad para su elaboración, porque las respuestas son respondidas sin que el encuestador esté presente. Puede ser enviado por correo o entregado a los encuestados con una breve explicación para que ellos completen las preguntas. Esta forma de recopilar datos utiliza un formulario con preguntas como instrumento de recolección. Las encuestas utilizan a la entrevista y al cuestionario como procedimientos para obtener información mediante las respuestas de las personas en estudio.

La diferencia entre el cuestionario y la entrevista es que, el primero no requiere la presencia del encuestador porque las preguntas son formuladas por escrito y el encuestado llena por si mismo el formulario.

Los cuestionarios pueden ser **ABIERTOS, CERRADOS O MIXTOS**
Los cuestionarios **Abiertos,** presentan preguntas que no ofrecen posibilidades de respuestas preestablecidas. Ej. ¿Que opinión le merece la enseñanza universitaria de la Universidad nacional de Buenos Aires? Los cuestionarios **Cerrados,** presentan preguntas que requieren respuestas preestablecidas, de las cuales el encuestado debe elegir una o varias (según se especifique en la pregunta).

Los cuestionarios **Mixtos** combinan en su formulación preguntas cerradas y abiertas.

3- Tercer Etapa:
Recolección de datos.

4- Cuarta Etapa:
Procesamiento de la información.

5- Quinta etapa:
Análisis e interpretación de la información.

6- Sexta Etapa:
Redacción de informes de resultados y su difusión.

3. ALGUNOS EJERCICIOS DE APLICACIÓN EN MATRONERÍA.

EJERCICIO 1.

Tenemos una muestra de n = 10 edades de pacientes que ingresan a una sala de emergencia.

Xi	Valor
x1	10
x2	20
x3	24
x4	12
x5	25
x6	23
x7	14
x8	15
x9	18
x10	9

Entonces, la media aritmética o promedio es:

$$\bar{x} = \frac{\sum_{i=1}^{10} x_i}{10} = \frac{10+20+24+12+25+23+14+15+18+9}{10} = \frac{170}{10} = 17 \text{ años}$$

EJERCICIO 2.

A continuación presentamos las edades de 25 pacientes que ingresan en una sala de espera a una determinada hora:

4, 24, 35, 2, 8, 17, 19, 7, 12, 33, 14, 37, 7, 14, 18, 31, 28, 18, 6, 36, 41, 9, 7, 27, 30

Primero debemos ordenar los datos de manera creciente:

2, 4, 6, 7, 7, 7, 8, 9, 12, 14, 14, 17, 18, 18, 19, 24, 27, 28, 30, 31, 33, 35, 36, 37, 41

A continuación aplicamos las fórmulas establecidas previamente para calcular las **posiciones** o **ubicaciones**

Posición de Q_1 : $\dfrac{n+1}{4} = \dfrac{25+1}{4} = 6.5$

Posición de Q_2 : $\dfrac{2(n+1)}{4} = \dfrac{n+1}{2} = \dfrac{25+1}{2} = 13$

Posición de Q_3 : $\dfrac{3(n+1)}{4} = \dfrac{3(25+1)}{4} = 19.5$

En el ejemplo que estamos analizando, la posición del primer cuartil, Q1, nos dio 6.5. Esto significa que **Q1 se encuentra ubicado entre la sexta y la séptima observación**, entonces Q1 resulta de hacer el promedio de estas dos observaciones.

$$Q_1 = \dfrac{7+8}{2} = 7.5 \text{ años}$$

De la misma manera procedemos para el tercer cuartil, Q3, en este caso consideramos **el promedio entre la decimonovena y vigésima observación**.

$$Q_3 = \dfrac{30+31}{2} = 30.5 \text{ años}$$

Como la posición de Q2 dio un valor exacto, "13", buscamos en la serie de datos ordenados el valor que le corresponde al dato que está en esta ubicación. En el ejemplo que estamos analizando corresponde al valor 18 años, por lo tanto:

$Q_2 = 18 \text{ años}$

EJERCICIO 3.

Tenemos disponible una muestra compuesta por n =10 edades de pacientes que ingresan a una sala de emergencia.

12 , 28 , 74 , 15 , 3 , 16 , 7 , 58 , 8 , 45

Los datos ordenados son:

3 , 7 , 8 , 12 , 15 , 16 , 28 , 45 , 58 , 74

Por lo tanto el rango está dado por:

$$R = x_{max} - x_{min} = 74 - 3 = 71 \text{ años}$$

EJERCICIO 4.

Los datos que se presentan a continuación son las edades (en años) de 70 hombres, diabéticos, que concurren a controles periódicos en un Centro especializado en Diabetes en una gran ciudad.

66	74	75	69	65	63	60	62	64	73
67	63	74	73	69	68	75	71	70	67
64	71	55	60	60	76	75	63	65	60
57	67	59	74	62	77	71	73	80	52
67	67	69	54	65	62	73	64	71	53
75	59	56	65	66	58	60	63	80	83
65	69	74	59	65	73	81	65	71	61

Ingresados los datos en un programa computacional estadistico se puede obtener una "tabla de distribución de frecuencias", que resumira y organizara al conjunto de datos de manera tal de hacer mas legible la informacion. En esta tabla, los datos numericos se encuentran divididos en categorias de valores llamadas *intervalos de clase*. Tambien constan en ella cuantas observaciones pertenecen a cada uno de los distintos intervalos, esto se conoce como *frecuencias absolutas (fa)*. Tambien se puede informar las *frecuencias relativas (fr)* que se obtienen de dividir las fa de cada clase por el total de datos observados (n) y las *frecuencias relativas porcentual* que es la anterior multiplicada por 100.

Nota: Los programas estadisticos, por defecto, ya determinan el numero de intervalos que conviene hacer en cada caso, en funcion de la cantidad de datos observados. Una regla practica para quien quiera confeccionar esta tabla por motus propio es calcular el numero de intervalos de clases, haciendo la *n* . Las clases o intervalos de clase es conveniente que sean de igual longitud y que se definan de manera tal que no haya dudas respecto a que si un valor observado pertenece a una u otra y ademas cubrir todos los datos.

Esto ultimo, en terminos de Estadistica, seria: *"Las clases o intervalos de clase en una tabla de distribución de frecuencias deben ser mutuamente excluyentes (cada dato cae en una y sólo una clase) y exhaustiva, es decir, todos los datos deben pertenecer a una clase"*. Ver anexo de construccion de "Tablas de distribucion de frecuencia". La tabla correspondiente al problema 6 es la que mostramos a continuacion:

Clase	Límites de la clase	Cuenta	Frecuencia absoluta	Frecuencia relativa	Frecuencia Relativa (%)
1	50 a ≤ 55	////	4	$\frac{4}{70} = 0.06$	6
2	55 a ≤ 60	//// //// /	11	0.16	16
3	60 a ≤ 65	//// //// //// //	17	0.24	24
4	65 a ≤ 70	//// //// ///	13	0.19	19
5	70 a ≤ 75	//// //// //// ///	18	0.26	26
6	75 a ≤ 80	////	5	0.07	7
7	80 a ≤ 85	//	2	0.03	3

Ahora tracemos el histograma, sobre una linea horizontal, a escala, ubiquemos los limites de las clases y en cada una de ellas, dibujemos un rectangulo (barra), con altura igual a la frecuencia. El histograma de **frecuencias absolutas** para los 70 datos de edades de pacientes diabeticos es:

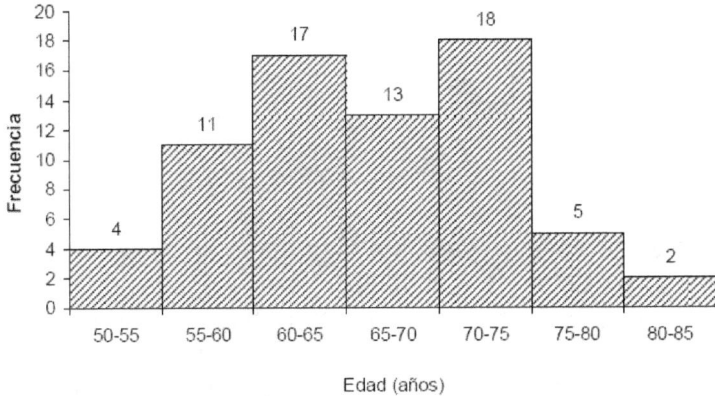

Si quisieramos construir un histograma de frecuencias relativas, lo unico que cambia es que la altura del rectangulo correspondiente a cada clase es de una longitud igual a la frecuencia relativa. El histograma correspondiente queda:

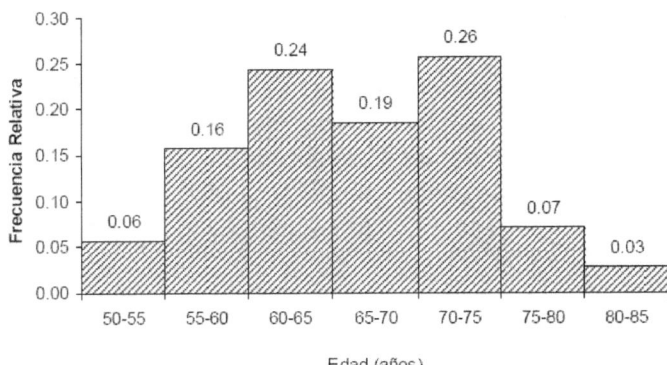

EJERCICIO 5.

¿Cuan gruesa debe de ser una moneda para que tenga probabilidad 1/3 de caer de canto?

Solución:

Evidentemente, si tenemos presentes las características físicas de los materiales, es decir, la elasticidad de la moneda, la fuerza y dirección con que se lanza, las características de la superficie sobre la que cae, etc., entonces este problema no esta matemáticamente bien definido y su respuesta debe proceder mas de experimentos físicos que de la Teoría de Probabilidades. Sin embargo, para dar una respuesta con esta segunda herramienta, asumamos las siguientes hipótesis: veamos la moneda como la esfera circunscrita por sus dos bordes circulares, y entendamos que la moneda "cae de canto" cuando el polo inferior de la esfera esta entre los dos círculos. Con esta notación es claro que el problema pide la distancia que debe separar a los dos círculos para que el área sobre la esfera que limitan sus dos círculos sea la mitad del área restante.

Dada la simetría, concentrémonos en una sección de la esfera. Por ejemplo, en su sección central. Para que la longitud de la circunferencia entre un canto sea la mitad de la longitud de la circunferencia entre un lado, debe cumplirse que ® = 2¼=6. Puesto que tan® = *r*=*g* con *r* el radio de la moneda y *g* la mitad de su grueso, entonces

$$g = \frac{r}{\arctan{(\pi/3)}} = 0{,}354r.$$

En otras palabras, el grueso de la moneda debe ser 35.4% el diámetro de la moneda para que tenga probabilidad 1/3 de caer de canto.

EJERCICIO 6.

Se estudiaron 40 muestras de aceite crudo de determinado proveedor con el fin de detectar la presencia del níquel mediante una prueba que nunca da un resultado erróneo. Si en 5 de dichas muestras se observo la presencia de níquel ¿podemos creer al proveedor cuando asegura que a lo sumo el 8% de las muestras contienen níquel?

SOLUCIÓN:

Llamemos p a la proporción de muestras que contienen níquel.Si la pruebe nunca da un resultado erroneo la variable 0 P , que representa la proporcion de pruebas positivas al analizar 40 muestras satisface.

$$\frac{P_0 - p}{\sqrt{\dfrac{p(1-p)}{40}}} = Z \approx N(0,1)$$

Contrastamos la hipotesis nula : 0,08 0 H p = Frente a la alternativa

$H : p\rangle 0,08$ a

Al tratarse de un contraste unilateral , con la region critica a la derecha, esta corresponde a valores de la distribucion muestral superiores a 1,645 0,95 z = , si consideramos un nivel de significaciona = 0,05

$$\text{En nuestro caso } p_0 = \frac{5}{40} = 0,125 \text{ de modo que}$$

$$\frac{0,125 - 0,08}{\sqrt{\dfrac{0,08.0,92}{40}}} = 1,049\langle 1,645$$

Con lo que no podemos rechazar la hipotesis nula.

LLamaremos N al suceso que representa la presencia de níquel. Como la prueba es positiva en el 80% de los casos en que hay níquel pero también en su ausencia, con probabilidad igual a 0,01, la probabilidad de que una prueba resulte positiva es

$$\hat{p} = 0.79p + 0.01$$

Y ahora la variable 0 P , que representa la proporción muestral de pruebas positivas y no la de contenido real de níquel , satisface

$$\frac{P_0 - \hat{p}}{\sqrt{\dfrac{\hat{p} \cdot (1 - \hat{p})}{40}}} \approx N(0.1)$$

La hipotesis nula pasa a ser:

H : p = 0 0,0732

Frente a la alternativa

Ha : p⟩0,0732

Considerando el mismo nivel de significacion, tenemos que

$$\frac{o.125 - 0.0732}{\sqrt{\dfrac{0.0732 \cdot 0.9268}{40}}} = 1.2578\langle1.645$$

Llegando a la misma conclusión

BIBLIOGRAFÍA:

- QUESADA V., ISIDORO, LÓPEZ: "Curso y Ejercicios de Estadística", Ed. Alhambra, 1989. (Problemas-Teoría).
- RUIZ CAMACHO M., MORCILLO AIXELÁ M.C., GARCÍA GALISTEO J., CASTILLO VÁZQUEZ C.: "Curso de Probabilidad y Estadística", Ed. Universidad de Málaga / Manuales, 2000. (Teoría-Problemas).
- SARABIA VIEJO A., MATE JIMÉNEZ C.: "Problemas de Probabilidad y Estadística. Elementos teóricos, cuestiones, aplicaciones con Statgraphics", Ed. CLAGSA, 1993.(Problemas).
- WALPOLE R.E., MYERS R.H., MYERS S.L.: "Probabilidad y Estadística para Ingenieros", Ed. Prentice Hall, 1998, 6ª edición.(Teoría).
- Devore, Jay L; Probabilidad y Estadística para Ingeniería y Ciencias; 7a Ed; CENGAGE Learning; México 2008.

- Freund, John E. Miller, Irwin y Miller Marylees; Estadística matemática con aplicaciones; Pearson Educación; 6ª Ed; México 2000.

- Freund, John E. Miller, Irwin y Miller Marylees; Probabilidad y estadística para ingenieros; Prentice-Hall; 4a Ed; México 1992.
- Kreyszig, Erwin; Introducción a la estadística matemática, principios y métodos; Limusa; 10ª Reimp; México 1989.

- Larson, Harold J; Introducción a la teoría de probabilidades e inferencia estadística; Limusa-Noriega; México 1995.

- Mendenhall III, William, Scheaffer, Richard L. y Wackerly Dennis D; Estadística matemática con aplicaciones; Thomson; 6ª Ed; México 2002.

- Mendenhall, William; Introducción a la probabilidad y estadística; 13ª Ed; Thomson Cengage Learning; México 2008.

- Montgomery, Douglas C; Probabilidad y estadistica aplicadas a la ingeniería; Limusa; 2ª Ed; México 2008.

- Spiegel, Murray R; Estadística; McGraw-Hill, Serie Schaum; 4ª Ed; Madrid 2009.

- Spiegel, Murray R; Teoría y problemas de probabilidad y estadística;
- McGraw-Hill, Serie Schaum; 3ª Ed; México 2010.

- Walpole, Ronald; Probabilidad y Estadística para Ingenieros; Pearson; 6ª Ed; México 1999.

www.ingramcontent.com/pod-product-compliance
Lightning Source LLC
Chambersburg PA
CBHW072232170526
45158CB00002BA/866